Ali Ebrahimi Pure
Amir Daraei Garmakhany
Monir Ebrahimi Pure

O milagre das ervas: O alho

Ali Ebrahimi Pure
Amir Daraei Garmakhany
Monir Ebrahimi Pure

O milagre das ervas: O alho

Propriedades biológicas do Allium sativum

ScienciaScripts

Imprint
Any brand names and product names mentioned in this book are subject to trademark, brand or patent protection and are trademarks or registered trademarks of their respective holders. The use of brand names, product names, common names, trade names, product descriptions etc. even without a particular marking in this work is in no way to be construed to mean that such names may be regarded as unrestricted in respect of trademark and brand protection legislation and could thus be used by anyone.

Cover image: www.ingimage.com

This book is a translation from the original published under ISBN 978-3-659-61130-8.

Publisher:
Sciencia Scripts
is a trademark of
Dodo Books Indian Ocean Ltd. and OmniScriptum S.R.L publishing group

120 High Road, East Finchley, London, N2 9ED, United Kingdom
Str. Armeneasca 28/1, office 1, Chisinau MD-2012, Republic of Moldova, Europe
Printed at: see last page
ISBN: 978-620-8-31858-1

Os segredos eternos que nem tu nem eu conhecemos

E as respostas ao enigma nem tu nem eu sabemos

Por detrás do véu fala-se muito de nós, porquê

Quando o véu cair, nem tu nem eu ficaremos

Aqueles que foram em busca de conhecimento

Subiu tão alto, esticou a borda

Ainda estavam envoltos na mesma sebe escura

Trouxe-nos alguns contos que a vida e a morte prometem

-Khayyam

Ali Ebrahimi Pure

Departamento de Ciências e Tecnologia Alimentar, Faculdade de Ciências e Tecnologia Avançadas, Secção de Ciências Farmacêuticas, Universidade Islâmica Azad, Teerão-Irão (IAUPS); *E-mail:* ali@ebrahimipure.ir

Amir Daraei Garmakhany

Departamento de Ciência e Tecnologia Alimentar, Faculdade de Engenharia Industrial de Toyserkan, Universidade Bu-Ali Sina, Hamadan, Irão.

Monir Ebrahimi Pure

Departamento de Química, Faculdade de Ciências, Universidade de Golestan, Gorgan-Irão.

ÍNDICE DE CONTEÚDOS

Resumo

O alho (Allium sativum) está historicamente envolvido na medicina e na alimentação humanas. Esta planta é amplamente cultivada em quase todo o mundo. Vários ecotipos de alho são cultivados no Irão, incluindo o alho roxo Rasht, que pertence ao alho estrela persa, com tiras roxas e bolbos grandes. O alho, por ter compostos de enxofre bioactivos, tem algumas propriedades biológicas e diferentes ecótipos exercem um nível variável dessas propriedades. Neste estudo, foram medidos os compostos fenólicos totais dos extractos aquoso, etanólico, metanólico, hexânico, clorofórmico, fervido, fermentado e total (sumo de alho) das cascas e partes comestíveis do alho roxo de Rasht. A atividade antioxidante de cada extrato foi determinada utilizando o ensaio DPPH e a atividade antibacteriana contra bactérias patogénicas alimentares, tais como *S, aureus* (~ 26 mm), *Y, enterocolitica* (~ 20,2 mm), *E, coli* (~ 16,8 mm), *S, typhimurium* (~ 16,7 mm), *S, disenteria* (~ 16,7 mm), *E, faecalis* (~ 13,3 mm), *P, aeroginosa* (~ 11 mm), & *L ,monocytogenes* (0 mm) foi determinada pelo uso de concentração bactericida mínima (MBC) e método de poço. Embora se tenha verificado que o sumo de alho tinha uma boa atividade antioxidante e antimicrobiana em todas as experiências, observou-se que os solventes polares tinham um maior potencial para extrair mais compostos bioactivos do alho. A temperatura de ebulição desactiva os compostos antibacterianos e antioxidantes, mas o extrato fermentado mostrou uma elevada atividade antibacteriana. Parece que os compostos antioxidantes do alho são mais sensíveis à temperatura elevada, enquanto uma combinação de temperatura elevada e tempo curto ajuda a extrair uma maior quantidade de compostos antibacterianos ou altera estes compostos de forma a aumentar a sua atividade antibacteriana. No entanto, não foi observada qualquer atividade antibacteriana nos extractos da casca, mas verificou-se que a casca do alho roxo de Rasht tem aproximadamente 40% mais antioxidantes do que o alho branco de Gorgan. Por último, de acordo com os resultados da análise sensorial obtidos dos membros do painel, a adição de 0,5% de sumo de alho ao Doogh leva à produção de uma bebida adequada e funcional.

Palavras-chave: *Alho roxo - antimicrobiano - antioxidante - Fenólicos totais - DPPH - Método de Well - MBC*

Capítulo I

Introdução

1.1. Introdução

Embora o Japão tenha proposto o atual conceito de alimentos funcionais, este tem vindo a desenvolver-se internacionalmente e os conceitos variam a nível nacional, uma vez que foram influenciados por vários factores nacionais, incluindo as diferenças culturais, as diferenças na abordagem da ciência da nutrição e as diferentes situações de mercado existentes nos países. O conceito de alimentos funcionais teve origem no conceito tradicional dos países do Extremo Oriente de que um alimento pode funcionar como um medicamento. Embora este conceito se tenha agora alargado a outros países, incluindo os países ocidentais, tem de ser considerado no contexto da sua própria dieta e cultura nacionais. Até à data, várias autoridades nacionais, organismos académicos e a indústria propuseram definições para os alimentos funcionais.

O Doogh é uma bebida láctea ácida nutritiva originária do Irão. (Nakamura, Yoshida, Maedab, & Corrediga, 2006) O Doogh é normalmente fabricado adicionando água, sal e alguns extractos aquosos de ervas locais ao iogurte batido ou misturado e misturando-os. (Foroughinia, Abbasi, & Hamidi, 2007). O consumo desta bebida é muito comum na Ásia e no Médio Oriente e existem diferenças claras entre o Doogh (bebida à base de iogurte) e produtos semelhantes que são consumidos na Europa devido à presença de sal comestível adicionado e à sua viscosidade (Nilsson, Lyckand, & Tamime, 2006). Tradicionalmente, o Doogh era preparado através da batedura de iogurte gordo após diluição com água, seguida da remoção da gordura, da fermentação para obter um sabor e uma acidez satisfatórios e da adição de sal e especiarias, para preparar uma bebida pronta a consumir. Atualmente, na produção comercial, é utilizado leite magro para preparar o iogurte, pelo que o teor de gordura é normalmente reduzido, e o produto final é aromatizado com óleos essenciais, como os de menta ou zizifore *(Ziziphora tenuior),* homogeneizado, embalado e rotulado. Bebidas semelhantes à base de iogurte são populares nos países vizinhos do Irão, como um produto turco conhecido como "ayran" (Koksoy & Kilig, 2003; Koksoy & Kilic, 2004). Estas bebidas podem diferir do Doogh interm na relação de diluição, no teor de gordura, nas caraterísticas reológicas e no sabor (Kiani, Mousavi, & Emam-Djomeh, 2008).

*Rasht (Coordenadas: 37°16'5TN 49°34'59"E) (*Persa: £AJ ou Rast, Gilaki: Resht, também romanizado como Resht e Rast, e muitas vezes soletrado Recht em manuscritos franceses e alemães mais antigos) é a capital da província de Gilan e a maior cidade à beira-mar do Cáspio, no Irão. (GeoNames, 2015)

O alho roxo Rasht é um alho estrela persa; famoso pelas suas caraterísticas especiais, como a cor púrpura atraente, bolbos grandes, odor e sabor fortes. Este tipo de cultivar de alho é mais favorável à utilização pelo consumidor em forma fresca, seca ou em conserva. É grande como o ecótipo de alho Gorgan, mas de cor púrpura, não branca.

1.2. OBJECTIVOS DO PROJECTO

1.2.1. Objectivos científicos:

- Avaliação da atividade antibacteriana do alho roxo de Rasht.
- Avaliação do bolbo de alho roxo Rasht e da atividade antioxidante da sua casca.
- Transferir as propriedades biológicas do alho para o Doogh e avaliar a atividade antioxidante do produto final.

1.2.2. Objectivos práticos:

- Produzir produtos de Doogh funcionais, aromatizados e com valor acrescentado.
- Para suavizar o odor e o sabor do alho, adicioná-lo à fórmula de Doogh e aumentar a ingestão geral de alho.

1.3. OBJECTIVO ESPECÍFICO

No que respeita às propriedades benéficas do alho para a saúde, à popularidade do Doogh e aos efeitos secundários negativos das bebidas açucaradas gaseificadas, por outro lado, espera-se que a produção de Doogh de alho seja eficaz na promoção da saúde social.

1.4. BENEFICIÁRIOS

Os resultados deste projeto poderão ser utilizados pelos produtores industriais de Doogh ou para outras investigações, enquanto os beneficiários finais são os consumidores.

Capítulo II
Revisão da literatura

2.1. Alimentos funcionais

O conceito de alimentos funcionais não é um assunto totalmente novo. Nos países do Extremo Oriente que foram influenciados pela cultura chinesa, os alimentos e os medicamentos foram considerados por muitas pessoas como materiais da mesma origem (Kojima, 1996). Até à data, já foi introduzido no mercado um grande número de alimentos funcionais sob várias formas. Muitos deles contêm uma série de ingredientes funcionais caraterísticos, tais como fibras alimentares, oligossacáridos, álcoois de açúcar, péptidos e proteínas, prebióticos e probióticos, fitoquímicos e antioxidantes, e ácidos gordos polinsaturados (Goldberg, 1994). Roberfroid (1997) classificou as substâncias que podem levar à produção de alimentos funcionais como fluidos (Roberfroid, 1997):

(i) um macronutriente essencial com efeitos fisiológicos específicos, como o amido resistente ou os ácidos gordos ómega 3;

(ii) um micronutriente essencial se conferir um benefício especial através da ingestão para além da dose diária recomendada (DDR);

(iii) um nutriente não (essencial) que produz efeitos fisiológicos específicos, como alguns oligossacáridos e fitoquímicos.

Ao contrário dos ingredientes funcionais, as funções-alvo dos alimentos funcionais são bastante diversificadas. O International Life Science Institute (ILSI) Europe resumiu a classificação dos alimentos funcionais pelos seus objectivos da seguinte forma (Diplock, et al., 1999):

(i) Crescimento, desenvolvimento e diferenciação (por exemplo, adaptações maternas durante a gravidez e a lactação);

(ii) Metabolismo dos substratos (por exemplo, manutenção de um peso corporal adequado);

(iii) Defesa contra espécies oxidativas reactivas (por exemplo, preservação da atividade estrutural e funcional do ADN);

(iv) Sistema cardiovascular (por exemplo, homeostase das lipoproteínas);

(v) Fisiologia intestinal (por exemplo, função intestinal óptima e formação de fezes);

(vi) Funções comportamentais e psicológicas (por exemplo, desempenho cognitivo).

Com a mudança do conceito de nutrição, da essencialidade para a otimização, vários factores afectaram o desenvolvimento de alimentos funcionais. Um deles pode ser o aumento da consciência de saúde dos consumidores que desejam melhorar a qualidade da sua vida e que são significativamente influenciados pelos meios de comunicação social.

2.2. Definição de alimentos funcionais

Embora o atual conceito de alimentos funcionais tenha tido origem no Japão, tem vindo a desenvolver-se internacionalmente e os conceitos variam a nível nacional, uma vez que foram influenciados por vários factores nacionais, incluindo as diferenças culturais, as diferenças na abordagem à ciência da nutrição e a diferente situação de mercado existente nos países. O conceito de alimentos funcionais teve origem no conceito tradicional dos países do Extremo Oriente, segundo o qual um alimento pode atuar como um medicamento. Embora este conceito se tenha agora difundido noutros países, também nos países ocidentais, tem de ser considerado no âmbito da sua própria dieta nacional e contexto cultural. Até à data, várias autoridades nacionais, organismos académicos e a indústria propuseram definições para os alimentos funcionais.

As várias definições de alimentos funcionais (e de termos relacionados) usadas ou propostas por países ou sectores de mercado podem também demonstrar o que os reguladores, cientistas e empresários pensam sobre os alimentos funcionais e outros produtos similares (Kwak & Jukes, 2001).

2.2.1. Japão

O termo "alimentos funcionais" foi introduzido pela primeira vez nos relatórios sobre "Análise Sistémica e Desenvolvimento das Funções dos Alimentos" patrocinados pelo Ministério da Educação, Ciência e Cultura durante 1984-1986 (Heu & Kim, 1997). Nestes relatórios, as funções dos alimentos foram divididas em três categorias com base na história dos padrões de consumo alimentar no Japão (Arai, 1996). Eles afirmaram que, "Uma vez que qualquer alimento é basicamente um fornecedor de nutrientes para o corpo, a sua função nutricional é naturalmente entendida como sendo de importância primordial. Isto pode provavelmente ser reconhecido como verdadeiro em quase todas as partes do mundo em qualquer período da história". Este fornecimento adequado de nutrientes define, portanto, uma "função primária". Depois de satisfazer esta função primária, a escolha das pessoas baseia-se na sua preferência, incluindo questões de satisfação sensorial, como o gosto e o sabor, que podem ser consideradas como "função secundária".

Em 1988, o Ministério da Saúde e do Bem-Estar do Japão (MHW) criou uma Reunião para os Alimentos Funcionais, com o objetivo de propor formas de controlo destes alimentos (Heu & Kim, 1997). No seu relatório intercalar, os alimentos funcionais foram definidos como alimentos concebidos e processados de forma a expressarem suficientemente as funções relacionadas com o mecanismo de defesa do organismo, o controlo do ritmo corporal, a prevenção e a recuperação de doenças (Anon, 1994a). Devem também satisfazer as seguintes condições:

(i) deve consistir em ingredientes ou composições convencionais e ser consumido sob a forma ou método alimentar convencional;

(ii) deve ser consumido como parte da alimentação básica;

(iii) deve ser rotulado como tendo uma função de controlo do corpo.

É de salientar que este papel dos alimentos incorpora funções que anteriormente só eram permitidas aos medicamentos, embora, enquanto alimentos, tenham de funcionar no contexto de uma dieta básica.

Em 1990, o MHW criou um órgão de revisão dos alimentos funcionais com o objetivo de incorporar os alimentos funcionais na Lei de Melhoria da Nutrição (Heu & Kim, 1997). No entanto, no seu relatório, o termo "alimentos para uso específico na saúde" (FOSHU) foi utilizado em vez de alimentos funcionais. Havia a preocupação de que as funções primária (nutrição) e secundária (preferência) pudessem ser negligenciadas pela ênfase na função terciária (Anon, 1991b). Além disso, o termo "função" em alimentos funcionais pode ser confundido com o termo "função" em medicina. Com base neste relatório, o MHW, em 1991, estabeleceu as diretrizes sobre a autorização de FOSHU, onde FOSHU é oficialmente definido como um subgrupo da categoria, alimentos para usos dietéticos especiais e onde a rotulagem sugere que as pessoas que o consomem na dieta podem obter os benefícios de saúde pretendidos (Anon, 1991a). Além disso, deve satisfazer os seguintes critérios:

(i) é de esperar que os alimentos contribuam para a melhoria do regime alimentar e para a manutenção/melhoria da saúde;

(ii) os benefícios para a saúde do alimento ou dos seus constituintes devem ter uma base médica e nutricional clara;

(iii) com base em conhecimentos médicos e nutricionais, deve ser possível definir uma dose diária adequada para o alimento ou para os seus componentes;

(iv) com base na experiência, o alimento ou os seus constituintes devem ser seguros para consumo;

(v) os constituintes dos géneros alimentícios devem ser bem definidos em termos de propriedades físico-químicas e de determinação analítica qualitativa/quantitativa;

(vi) não deve haver perda significativa dos constituintes nutritivos do alimento em comparação com os contidos em tipos semelhantes de alimentos;

(vii) os alimentos devem ser consumidos na forma habitualmente utilizada na alimentação quotidiana, em vez de serem consumidos apenas ocasionalmente;

(viii) o produto deve apresentar-se sob a forma de um alimento normal e não sob outra forma, como comprimidos ou cápsulas;

(ix) os alimentos e os seus componentes não devem ser os utilizados exclusivamente como medicamentos.

O requisito final foi acrescentado na fase de elaboração das diretrizes, enquanto os outros requisitos já tinham sido estabelecidos pelo organismo de análise dos alimentos funcionais. Isto seria feito de modo a minimizar possíveis confusões entre alimentos e medicamentos na aplicação das diretrizes.

2.2.2. Instituto Internacional de Ciências da Vida (ILSL)

Em 1995, o ILSI organizou a Primeira Conferência Internacional sobre as Perspectivas Este-Oeste dos Alimentos Funcionais. Por acordo de vários painéis de vários países, a reunião definiu alimentos funcionais como "alimentos que melhoram ou afectam as funções do corpo para além dos seus valores nutricionais normais" (Anon, 1996). Esta pode ser considerada como a primeira definição acordada internacionalmente. A reunião também acordou o seguinte:

(i) os alimentos funcionais devem ser distinguidos das vitaminas, dos minerais e de outros suplementos alimentares;

(ii) estes alimentos não devem ser autorizados a ser incluídos em alegações médicas;

(iii) Os efeitos funcionais alterados dos alimentos devem ser fundamentados e cientificamente comprovados através de estudos laboratoriais e humanos.

A abordagem adoptada nesta reunião foi amplamente concordante com a adoptada no Japão.

Tendo em conta as perspectivas originais e internacionais, as abordagens à definição noutros países serão comparadas com as do Japão e do ILSI.

2.2.3. Reino Unido e UE

Em agosto de 1995, o Ministério da Agricultura, Pescas e Alimentação (MAFF) do Reino Unido definiu temporariamente um alimento funcional como "um alimento ao qual foi incorporado um componente para proporcionar um benefício médico ou fisiológico específico, para além de um efeito puramente nutricional" (Richardson, 1996). Embora o benefício médico esteja envolvido na definição, é reconhecido no código de prática sobre alegações de saúde em alimentos que a rotulagem sobre o benefício médico é proibida por lei (Anan, 1998b). Como definição de trabalho, o ILSI da Europa propôs que um alimento pode ser considerado "funcional", "se for satisfatoriamente demonstrado que afecta beneficamente uma ou mais funções-alvo no organismo, para além dos efeitos nutricionais adequados, de uma forma que seja relevante para um melhor estado de saúde e bem-estar e/ou redução do risco de doença" (Diplock, et al., 1999). Também exigiu que os alimentos funcionais

(i) permanecem como alimentos;

(ii) demonstram os seus efeitos em quantidades que se pode esperar que sejam normalmente consumidas na dieta;

(iii) ser consumidos como parte de um padrão alimentar normal (ou seja, não sob a forma de comprimidos ou cápsulas).

Ambas as definições não parecem diferir das definições do Japão e do ILSI. Em 1996, numa conferência da IBC (International Broadcasting Convention) intitulada "Functional Food, Nutraceutical or Pharmaceutical?" Potter (1996) afirmou que "os alimentos funcionais podem ser interpretados de muitas maneiras diferentes e podem levar à confusão, uma vez que, afinal, nem todos os alimentos são funcionais?"

Foi aqui que o conceito de nutrição positiva foi utilizado em vez da introdução direta do seu conceito. A nutrição positiva foi definida como "o consumo, como parte da dieta normal, de alimentos e bebidas do quotidiano que podem proporcionar benefícios positivos para a saúde". Os efeitos positivos para a saúde incluem a redução dos níveis de colesterol no sangue, a promoção de um sistema digestivo saudável, o aumento da resistência às doenças, a promoção de dentes e ossos saudáveis, o fornecimento de energia e talvez até a redução do risco de contrair algumas formas de cancro. A nutrição positiva pode ser concetualmente semelhante às definições do Japão e do ILSI, embora inclua, além disso, alguns benefícios nutricionais normais para a saúde, como a energia.

2.2.4. EUA

Nos EUA, já foram autorizadas várias alegações de saúde ao abrigo das regras da Lei de Rotulagem e Educação Nutricional de 1990 (Anon, 1997a). Os alimentos funcionais podem ser vendidos com uma alegação de saúde no rótulo após a obtenção da autorização da USFDA. Embora não exista uma definição legal nos Estados Unidos, o Instituto de Medicina da Academia Nacional de Ciências dos Estados Unidos definiu os alimentos funcionais como aqueles que, para englobar produtos potencialmente saudáveis, "incluem qualquer alimento modificado ou ingrediente alimentar que possa proporcionar um benefício para a saúde para além dos nutrientes tradicionais que contém" (Anon, 1994b). Isto é consistente com as definições do Japão e do ILSI no sentido de que devem ter um benefício para a saúde para além dos valores nutricionais tradicionais. No entanto, parece ser mais abrangente do que as definições do Japão e do ILSI, na medida em que um ingrediente alimentar pode ser considerado um alimento funcional. Por outras palavras, os suplementos alimentares, que são compostos apenas por ingredientes alimentares e que se apresentam sob a forma de comprimidos ou algo semelhante, podem ser considerados alimentos funcionais. Até mesmo o termo "comprimido alimentar funcional" é mencionado num documento dos EUA (Schmidt, Morrow, & White, 1998). Esta abordagem pode refletir uma política única em matéria de suplementos alimentares nos EUA.

2.2.5. Austrália

Na definição primária da Autoridade Alimentar da Austrália e da Nova Zelândia, os alimentos funcionais foram definidos como "Os alimentos funcionais são semelhantes em aparência aos alimentos convencionais e destinam-se a ser consumidos como parte de uma dieta normal, mas foram modificados para servir papéis fisiológicos para além do fornecimento de necessidades simples de nutrientes" (Preston & Lawrence, 1996). Isto não parece ser diferente das definições do Japão e do ILSI.

De um modo geral, as definições do Japão e do ILSI estão de acordo com as propostas noutras abordagens, embora algumas das abordagens da indústria e da academia possam tender a envolver produtos adicionais que ultrapassam o âmbito dos alimentos funcionais no Japão e no ILSI - tais como bebidas energéticas ou suplementos dietéticos. Em especial, as abordagens das autoridades nacionais do Reino Unido e da Austrália são muito semelhantes às do Japão e do ILSI numa série de aspectos.

A este respeito, parece ser viável um acordo internacional sobre o âmbito ou a definição de alimentos funcionais. A partir das definições de alimentos funcionais discutidas até à data, os principais requisitos são os seguintes:

(i) um alimento funcional deve proporcionar benefícios para a saúde para além dos seus valores nutricionais normais e da sua preferência;

(ii) é um alimento com a mesma forma que os alimentos normais e deve ser consumido no âmbito dos padrões dietéticos diários.

Por conseguinte, deve manter os seus próprios valores nutricionais normais. Esta pode ser uma caraterística que distingue os alimentos funcionais dos suplementos dietéticos ou alimentares. Embora os alimentos funcionais sejam considerados como alimentos e não como medicamentos, é necessário rever a relação entre alimentos e medicamentos para clarificar o âmbito dos alimentos funcionais. Os alimentos podem ser brevemente definidos como todos os tipos de alimentos e bebidas, exceto os que são ingeridos como medicamentos. Os medicamentos podem ser caracterizados da seguinte forma (i) tratamento e prevenção de doenças; (ii) administração para fazer diagnósticos médicos; (iii) restaurar, corrigir ou modificar funções fisiológicas em seres humanos. O primeiro e o terceiro caracteres teriam implicações significativas para os alimentos funcionais. Apenas a redução do risco, mas não a prevenção do risco, poderia ser reivindicada para os alimentos funcionais.

As funções fisiológicas dos componentes de um alimento são também alegadas para os alimentos funcionais. Atualmente, as alegações sobre a função de um nutriente são apenas permitidas de forma restritiva para os alimentos no Codex. O âmbito das alegações relacionadas com a função das substâncias nos alimentos não foi devidamente abordado a nível nacional ou internacional. Os alimentos podem ser distinguidos dos medicamentos com base nas diferenças de conceitos práticos aplicados num sistema regulamentar. Um dos critérios é a utilização prevista, como o momento em que o efeito pretendido é produzido e a especificidade da população-alvo. Isto permitiria clarificar alguma da confusão entre os conceitos de alimento e de medicamento. Outro critério são as diferentes abordagens à segurança entre alimentos e medicamentos. Enquanto os alimentos são geralmente considerados seguros pelo facto de serem consumidos diariamente, a segurança absoluta não é aplicada aos medicamentos. Esta é avaliada e autorizada com base numa relação benefício/risco.

Em conclusão, embora os alimentos funcionais desafiem os conceitos regulamentares de alimentos e medicamentos, parecem ser claramente distinguíveis numa série de aspectos.

2.3. Doogh

O Doogh é uma bebida láctea ácida iraniana nutritiva e refrescante (Nakamura, Yoshida, Maedab, & Corrediga, 2006). O Doogh é normalmente fabricado através da mistura de água, sal, iogurte batido ou mexido, bem como extractos aquosos de algumas ervas (Foroughinia, Abbasi, & Hamidi, 2007). O consumo desta bebida é muito comum na Ásia e existem diferenças claras entre o Doogh (bebida à base de iogurte) e produtos semelhantes que são atualmente consumidos na Europa, devido à presença de sal comestível adicionado e à sua viscosidade (Nilsson, Lyckand, & Tamime, 2006). Tradicionalmente, o Doogh era preparado através da batedura de iogurte gordo após diluição parcial com água, seguida de remoção da gordura, fermentação adicional para obter um sabor e acidez satisfatórios e diluição final, com adição de sal e especiarias, para obter uma bebida pronta a consumir. Na produção comercial atual, a redução do teor de gordura é normalmente conseguida utilizando leite magro para preparar o iogurte, e o produto final é aromatizado com óleos essenciais, como os de menta ou zizifore *(Ziziphora tenuior),* homogeneizado e embalado. Bebidas semelhantes à base de iogurte são populares em países vizinhos do Irão, por exemplo, em turco, um produto conhecido como ayran (Koksoy & Kilig, 2003; Koksoy & Kilic, 2004). Estas bebidas podem diferir do Doogh em termos de rácio de diluição, teor de gordura, caraterísticas reológicas e sabor (Kiani, Mousavi, & Emam-Djomeh, 2008).

2.4. Alho

2.4.1. Classificação

Reino Plantae - Plantas

Sub-reino Tracheobionta - Plantas vasculares

Superdivisão Spermatophyta - Plantas com sementes

Divisão Magnoliophyta - Plantas com flores

Classe Liliopsida - Monocotiledóneas

Subclasse Liliidae

Ordem Liliales

Família Liliaceae - Família dos lírios

Género *Allium* L. - cebola

Espécie *Allium sativum* L. - alho cultivado

2.4.2. Introdução histórica

O alho, botanicamente conhecido como *Allium sativum* L., é uma das mais antigas plantas cultivadas e encontra-se em todas as partes do mundo: a sua origem, provavelmente na Ásia Central, é anterior à história escrita. O nome tem origem no inglês antigo, onde se crê que "gar" significava "lança", referindo-se à forma das folhas, e "lic" é alho francês. Pertence à família *das Lilliaceae*, que também inclui a cebola *(Allium cepa* L.), a *chalota (Allium ascalonicum auct),* o alho francês *(Allium ampeloprasum* L. var. *porrum),* o alho grande ("elefante") *(Allium ampeloprasum* L. var. *holmense), o* alho selvagem *(Allium ursinum),* a chalota *(Allium ascalonicum auct.*), o cebolinho *(Allium schoenoprasum* L.), o cebolinho *(Allium fistulosum)* e o cebolinho chinês *(Allium tuberosum* L.).

Atualmente, é comummente conhecida pela sua utilização como especiaria e alimento. Nas últimas duas décadas, tem-se registado uma proliferação tanto da literatura publicada como dos produtos comerciais desenvolvidos relativamente às suas propriedades terapêuticas. Os produtos vegetais de origem natural constituem desde há muito uma fonte valiosa de agentes farmacológicos e a importância do alho como medicamento popular é apreciada desde a antiguidade.

Na China e na Índia antigas, era considerado um dos géneros alimentícios e agentes medicinais mais apreciados, utilizado no tratamento de doenças como hemorróidas, dermatites, dores abdominais e reumatismo. Durante as escavações do "exército de terracota" foram encontrados modelos de alho em argila, o que sugere que o alho era venerado como parte da dieta de um guerreiro chinês (Roser, 1990).

O povo do antigo Egito não só utilizava o alho como um elemento importante da sua dieta, mas, como relatou Plínio, o Velho, também o considerava uma planta sagrada sobre a qual era habitual fazer o juramento (Stoll & Seebeck, 1951). Os egípcios acreditavam que enterravam os seus mortos com uma provisão de alimentos, roupas e outros bens essenciais que seriam necessários na vida após a morte e nas escavações de Tutancâmon, o rei menino enterrado em 1500 a.C., foram encontrados vários dentes de alho completos (Roser, 1990). No famoso Codex Ebers Papyrus, um papiro médico egípcio que também data de cerca de 1500 a.C., existem mais de 800 fórmulas terapêuticas, das quais 22 são remédios à base de alho contra uma variedade de doenças, incluindo vermes, picadas, dores de cabeça, problemas cardíacos e tumores (Block, 1985).

As antigas civilizações da Grécia e de Roma também reconheciam as propriedades curativas do alho. O Segundo Idílio de Virgílio contém uma das primeiras menções registadas e descreve como Thestylis espremeu o sumo de tomilho selvagem e de alho, que depois administrou aos seus ceifeiros como profilático contra a mordedura de serpentes. Aristóteles, Hipócrates e Aristófanes também chamaram a atenção para os benefícios medicinais do alho. Hipócrates receitava-o como meio de aumentar o fluxo menstrual, como diurético e para tratar a pneumonia e as feridas supuradas (Stoll & Seebeck, 1951). No entanto, a primeira descrição pormenorizada do alho como planta medicinal é fornecida por Pedanius Dioscorides (século I d.C.), um grego que acompanhou o exército romano na Ásia como médico-chefe. Criou uma farmacopeia com mais de 400 plantas, recomendando o alho como vermífugo, como tratamento da lepra e das afecções pulmonares dos soldados (Klein, Barnet, Bolduc, & Farburan, 1993).

Ao longo dos séculos seguintes, o alho quase desaparece dos registos, embora o seu cultivo tenha continuado, especialmente nos jardins de ervas medicinais dos mosteiros, e na *Physica* de Santa Hildegarda de Bingen, do século XI, o alho é especificamente mencionado como um remédio contra a iterícia (Roser, 1990).

O século XVI assistiu ao crescimento da fitoterapia médica em toda a Europa e dois herboristas famosos da época, Lonicerus e Paracelsius, reconheceram a eficácia do alho contra os vermes intestinais e sublinharam as suas propriedades antitóxicas (Stoll & Seebeck, 1951). Existem muitas anedotas desta época sobre a reputação do alho para salvar vidas de doenças. Segundo a lenda, quando uma praga de cólera atingiu a cidade de Marselha em 1722, quatro criminosos condenados recrutados para enterrar os mortos revelaram-se imunes à doença. O seu segredo consistia numa tintura de alho picado embebido em "vinho", que depois era bebido. Esta mistura tornou-se imediatamente famosa como "vinaigre des quatre voleurs" e ainda hoje se encontra disponível em França (Block, 1987). Em 1858, estas receitas populares receberam um apoio mais contemporâneo de Louis Pasteur, que observou que o sumo de alho fresco tinha efeitos cidais quando era deixado cair sobre um relvado com bactérias em crescimento (Minney, 1990).

Mais recentemente, o alho foi utilizado em ambas as Guerras Mundiais: na Primeira Guerra Mundial para ajudar a combater o tifo e a disenteria; e durante a Segunda Guerra Mundial por médicos britânicos que consideraram o alho extremamente eficaz na prevenção do envenenamento sético ou da gangrena quando aplicado nas feridas de batalha (Spray, 1978). Atualmente, o alho continua a ser utilizado a nível internacional, sendo especialmente prevalente nos países do Segundo e do Terceiro Mundo, onde é utilizado para substituir ou complementar medicamentos mais sofisticados: na Rússia, onde é conhecido como a penicilina russa, mastigar alho cru é aconselhado pelos meios de comunicação social para prevenir a gripe comum, enquanto no México o alho é utilizado no tratamento da tosse convulsa (Bolton, Null, & Troetel, 1982).

2.4.3. Alliina e alicina

A curiosidade levou os químicos alemães Theodor Wertheim (1844) e F. W. Semmler (1892) a efectuarem alguns dos primeiros estudos químicos sobre o alho. Submetendo os bolbos de alho a uma destilação a vapor, obtiveram pequenas quantidades de óleo de alho com um cheiro caraterístico, com um rendimento de 0,1-0,2 %W/V (citado em (Stoll & Seebeck, 1951)). A destilação fraccionada deste óleo produziu algumas substâncias voláteis de cheiro forte identificadas como dissulfureto de dialilo (C6H,o S2), acompanhadas por quantidades menores de trissulfureto de dialilo e tetrassulfureto de dialilo. Wertheim propôs os nomes alilo (de Allium) para o grupo de hidrocarbonetos no óleo, e alilsulfureto para os voláteis. O termo "alilo" ainda hoje é utilizado em química e refere-se a grupos de estrutura CH2=CHCH2, ou em abreviatura química C3H5 (Block, 1985).

As observações de Chester J. Cavillito e John Hayes Bailey (1944) sobre a atividade antibacteriana do alho levaram-nos a fazer a descoberta-chave seguinte na sua química. Seguindo a metodologia de Semmler, obtiveram uma preparação de óleo de alho, cujo dissulfureto e polissulfureto de dialilo naturais praticamente não tinham ação antibacteriana. No entanto, os investigadores verificaram que métodos menos vigorosos do que a destilação a vapor produziam substâncias bastante diferentes. Aplicaram etanol a 4 quilogramas de alho à temperatura ambiente e, através de repetidas extracções com éter, obtiveram 6 gramas de óleo incolor cuja fórmula era C6H10S20. O óleo revelou ter uma atividade antibacteriana contra organismos Gram-positivos e Gram-negativos, sendo a sua ação consideravelmente mais bacteriostática do que bactericida.

Cavallito chamou ao composto alicina e, quimicamente, é o óxido de dissulfureto de dialilo, a principal substância isolada por destilação a vapor pelo método de Semmler 50 anos antes. As propriedades da alicina incluem "perda rápida de atividade durante o aquecimento, estabilidade considerável quando refrigerada e inativação imediata após a adição de álcalis. Os ácidos diluídos não têm qualquer efeito sobre ela. É solúvel em água até cerca de 2,5% a 10°C, é miscível com álcool, benzeno e éter, e bastante insolúvel nos Skellysolves (hidrocarbonetos alifáticos)" (Cavallito & Bailey, 1944). Trabalhos posteriores de Cavallito et al. (1944) propuseram uma estrutura para a alicina (Figura 2-1) e atribuíram-lhe o odor caraterístico do alho - muito mais do que os sulfuretos de alilo. O composto é designado por 2-propenil-2-propenotiossulfinato, ou mais comummente tiossulfinato de dialilo.

Figura 2-1: Alicina (2-Propenil-2-propenotiossulfinato)

Investigações de Small et al (1947) descobriram que toda uma série de tiossulfinatos de alquilo sintéticos possuía atividade antibacteriana e uma análise mais recente de preparações de alho por técnicas de HPLC levou à descoberta da presença de um total de oito compostos de tiossulfinato no alho (quadro 2-1) (Lawson & Hughes, 1992).

Quadro 2-1: Rendimento de tiossulfinato a partir de alho em pó.

Thiosulphinate	mg g^{-1} powder	% Yield
Diallyl (allicin)	7.52	60.3
1-Propenyl allyl	1.20	9.6
Allyl 1-propenyl	0.47	3.8
Allyl methyl and methyl allyl	2.65	21.3
1-Propenyl methyl and methyl 1-propenyl	0.34	2.7
Dimethyl	0.29	2.3
Total thiosulphinates	12.47	100

O alho em pó foi adicionado à água (20 ml mg") e incubado a 23°C durante 5 min; pH=5,6 (Lawson & Hughes, 1992).

Embora a alicina seja responsável pelo odor do alho, um bolbo de alho apresenta pouco ou nenhum odor até ser cortado ou esmagado. Outros trabalhos realizados por Cavalitto et al. (1945) referem que os dentes de alho congelados em gelo seco, bem triturados e extraídos com acetona produziram apenas quantidades mínimas de resíduos e nenhum sulfureto por evaporação, o que indica a ausência de sulfuretos livres na planta. O pó de alho obtido não tinha praticamente qualquer odor, mas, após a adição de pequenas quantidades de água, o odor típico foi detectado e o composto antibacteriano pôde ser extraído. Este facto demonstrou que nem a alicina nem os sulfuretos de alilo encontrados no "Óleo Essencial de Alho" estão presentes no alho inteiro. O tratamento do pó por aquecimento até ao refluxo com etanol a 95% formou um resíduo insolúvel que não mostrou qualquer atividade antibacteriana com a adição de água. No entanto, a adição de uma pequena quantidade (1 mg ml) de alho fresco em pó à fração insolúvel em álcool em água (20 mg ml^{-1}) restaurou a atividade para a do pó não tratado. Os investigadores propuseram que o tratamento com etanol a 95% tinha inactivado uma enzima necessária para a clivagem de uma molécula precursora inodora, enquanto a adição de uma pequena quantidade de pó de alho contendo enzima fresca tinha provocado a clivagem habitual.

Esta hipótese foi mais tarde verificada por Stoll e Seebeck (1947) que, através da extração com etanol de bolbos de alho congelados, obtiveram finas agulhas cristalinas incolores e inodoras que identificaram como um sulfóxido do aminoácido (+)-S-alil-L-cisteína (Figura 2-2). Este composto é o precursor estável da alicina e foi designado por Stoll e Seebeck como alliin.

Figura 2-2: Alliin ((+)-S-allyl-L -cysteine sulphoxide)

Os compostos de enxofre extraídos do alho pelos primeiros investigadores dependiam, portanto, das condições do processo de extração (Figura 2-3).

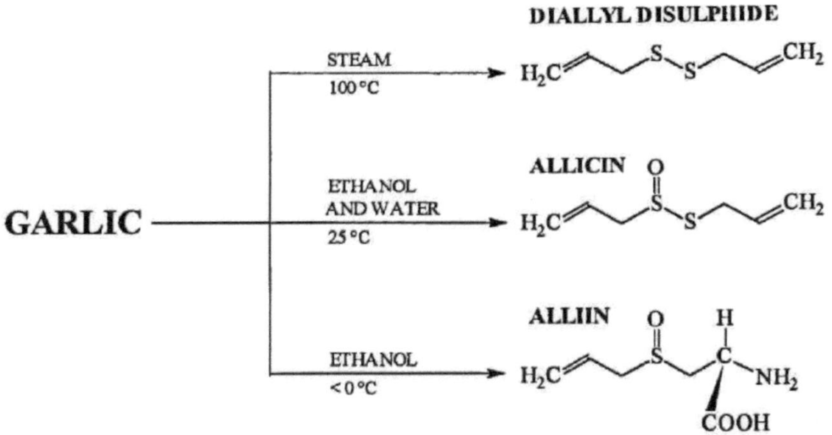

Figura 2-3: Compostos de enxofre extraídos do alho em diferentes condições

Trabalhos posteriores demonstraram que o alho contém dois outros sulfóxidos de S-alc(en)yl-L-cisteína, nomeadamente o sulfóxido de (+)-S-(E)-1-propenil-L-cisteína e o sulfóxido de (+)-S-metil-L-cisteína, que se encontram todos no conjunto de aminoácidos não proteicos (Lawson, Wang, & Hughes, 1991). Verificou-se também que o alho contém uma reserva adicional destes sulfóxidos de S-alc(en)yl-L-cisteína sob a forma de péptidos precursores de y-glutamilo de aminoácidos sulfurados (Virtanen, 1965). As análises por HPLC mostraram que o teor de alicina e de alliina dos extractos de alho fresco era de 0,4 %

e 0,9 %, respetivamente (Iberl, Winkler, Muller, & Knobloch, 1990b).

2.4.4. Decomposição da alicina

Cavallito et al. (1945) relataram a decomposição da alicina através de destilação a vapor para obter dissulfureto de dialilo como principal produto de decomposição. Cavallito descobriu que a inversão deste processo de decomposição, através da oxidação do dissulfureto de dialilo com ácido peracético, representava o método mais direto de sintetizar a alicina (Figura 2-4) (Small, Bailey, & Cavallito, 1947).

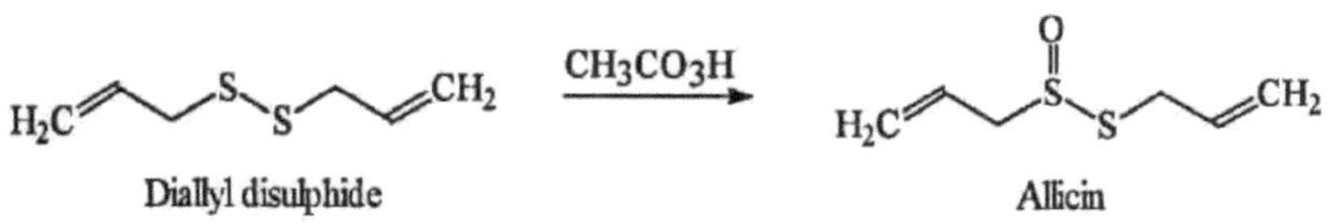

Figura 2-4: Síntese da alicina por Cavallito

Num estudo efectuado por Brodnitz et al. (1971), verificou-se que a alicina pura sofreu uma decomposição completa a 20°C após 24 horas, dando principalmente dissulfureto de dialilo (66%), trissulfureto de dialilo (9%), sulfureto de dialilo (14%) e dióxido de enxofre. As tentativas destes investigadores para determinar a alicina por GC-MS forneceram provas de outro modo de decomposição mais invulgar, em que a alicina produziu dois dissulfuretos cíclicos como compostos principais (Figura 2-5) juntamente com dissulfureto de dialilo e trissulfureto de dialilo.

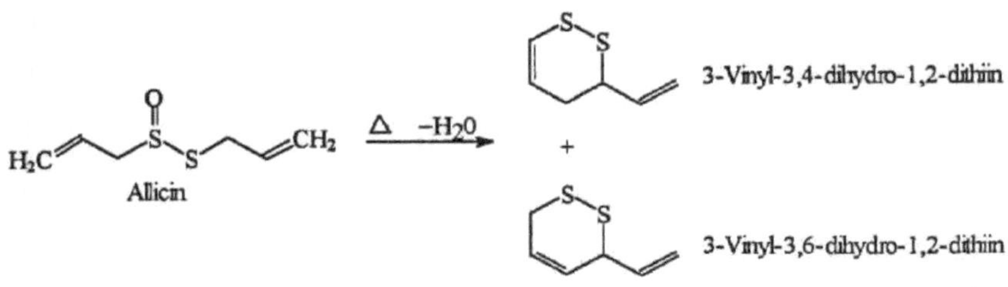

Figura 2-5: Decomposição da alicina num cromatógrafo de gás de acordo com Brodnitz et al. (1971)

Trabalhos posteriores de Block et al. (1985) corrigiram o composto 3-vinil-3,4-di-hidro-1,2-

ditiina para 2-vinil-2,4-di-hidro-1,3-ditiina (Figura 2-6).

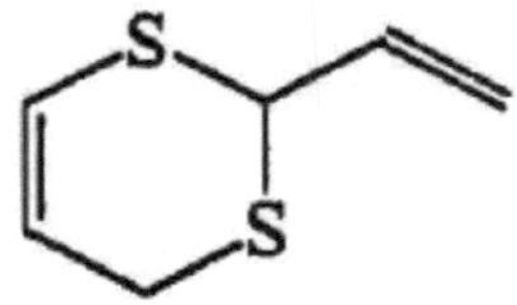

Figura 2-6: 2-Vinil-2,4-di-hidro-1,3-ditiina

Em contraste com estes resultados, verificou-se que a alicina no sumo de alho incubado a 40°C se decompôs a uma quantidade não detetável após 144 h, e também não foram encontradas quantidades detectáveis das duas vinilditiinas quando analisadas por HPLC, pelo que se concluiu que a alicina é mais estável no sumo de alho do que no estado puro e que os dois compostos cíclicos evidentes na análise por GC resultaram da decomposição da alicina pelas altas temperaturas envolvidas na GC (Yu & Wu, 1989). Estudos posteriores confirmaram estes resultados, demonstrando que a alicina é mais estável em solventes polares (por exemplo, metanol) que são capazes de estabelecer ligações de hidrogénio (Iberl, Winkler, & Knobloch, 1990a; Freeman & Kodera, 1995).

Provavelmente, o maior contributo dos últimos tempos para a compreensão da química do alho foi dado por Eric Block e os seus colaboradores. Numa tentativa de explorar melhor as propriedades da alicina, Block iniciou um estudo em 1971 sobre a transformação química do metanotiossulfinato de metilo (CH3S(O)SCH3): o homólogo mais simples da alicina. Através da compreensão da decomposição deste composto, Block foi capaz de elucidar um esquema pormenorizado para a decomposição da alicina (Figura 2-7 a-f). A decomposição pode ser vista a proceder em várias vias. Um passo fundamental numa delas envolve a S-aliltiolação da alicina para dar o ião sulfónio, que é seguido pela eliminação do tipo Cope e pela readição do ácido 2-propenossulfénico dando o óxido de 4,5,9-tritidiadodeca-1,6,11-trieno 9 (Figura 2-7 b e c). O composto foi designado por ajoene (*ajo,* alho em espanhol) e demonstrou ser pelo menos tão potente como a aspirina como agente antitrombótico. Dos dois isómeros, E e Z, o último é ligeiramente mais potente (Block, 1985).

Por outro lado, a alicina auto-decompõe-se, dando origem ao ácido 2-propenosulfénico e à tioacroleína. Ambos são altamente reactivos: a autocondensação de duas moléculas de ácido 2-propenossulfénico regenera uma molécula de alicina; a autocondensação de duas moléculas de tioacroleína através de uma reação de Diels-Alder produz dois compostos cíclicos de vinilditiina, 2-vinil-[411]-1 e 3-vinil-[4H]-1-ditiina numa proporção de 4,4: 1 (Block, 1985) (Figura 2-7 d). Verificou-se que ambos os compostos são ligeiramente antitrombóticos (Apitz-Castro, Cabrera, Cruz, Ledezma, & Jain, 1983).

A desproporção da alicina pode também dar origem a dissulfureto de dialilo por ataque do 2-propentiol ou a trissulfureto de dialilo por hidrólise do ião sulfónio (Figura 2-7 e e f). Foi demonstrado que o dissulfureto de dialilo se desproporciona ainda mais em mono, tetra, penta e hexassulfuretos por aquecimento a 100°C (Block, Ahmad, Catalfamo, Jain, & Apitz-Castro, 1986); (Block, et al., 1988).

A decomposição da alicina nos produtos de transformação secundários foi mostrada na Figura 2-7 e difere de acordo com as condições ambientais, como a polaridade do sistema de solventes e a temperatura da reação. Iberl et al. (1990a) efectuaram um estudo exaustivo sobre o efeito de ambientes tão diferentes na transformação da alicina por HPLC. Em etanol ou água, onde a transformação demorou até 216 h, predominou a formação de polissulfuretos (como o di- e trissulfureto de dialilo), juntamente com a produção de algum ajoeno. Em condições não polares, a transformação da alicina foi consideravelmente mais rápida (menos de 48 h), gerando preferencialmente ditiinas e ajoenos, juntamente com dissulfureto de dialilo.

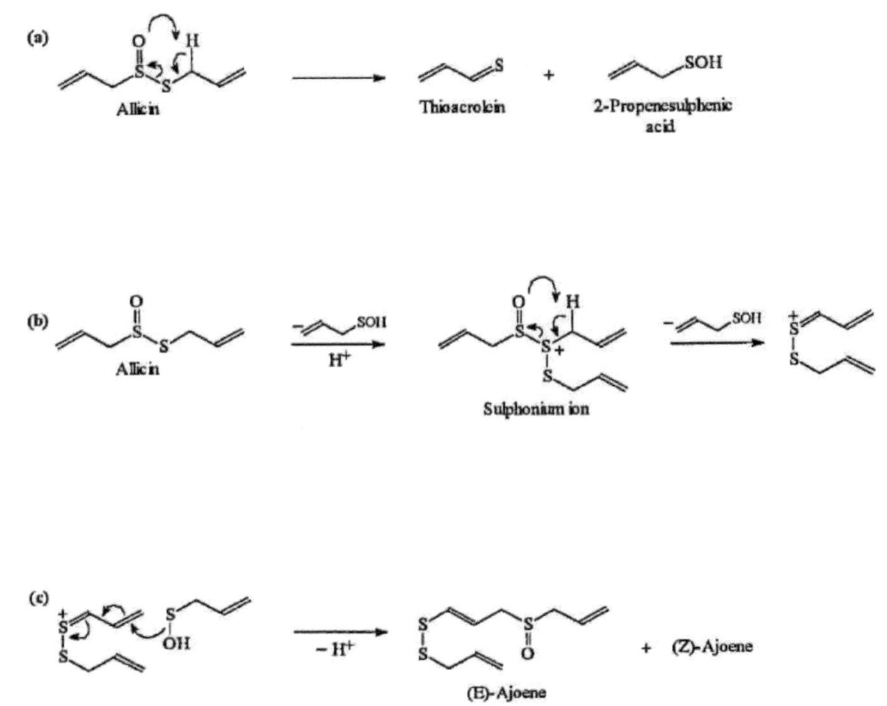

Figura 2-7 a-f : Mecanismos de decomposição da alicina e formação de vários produtos de degradação

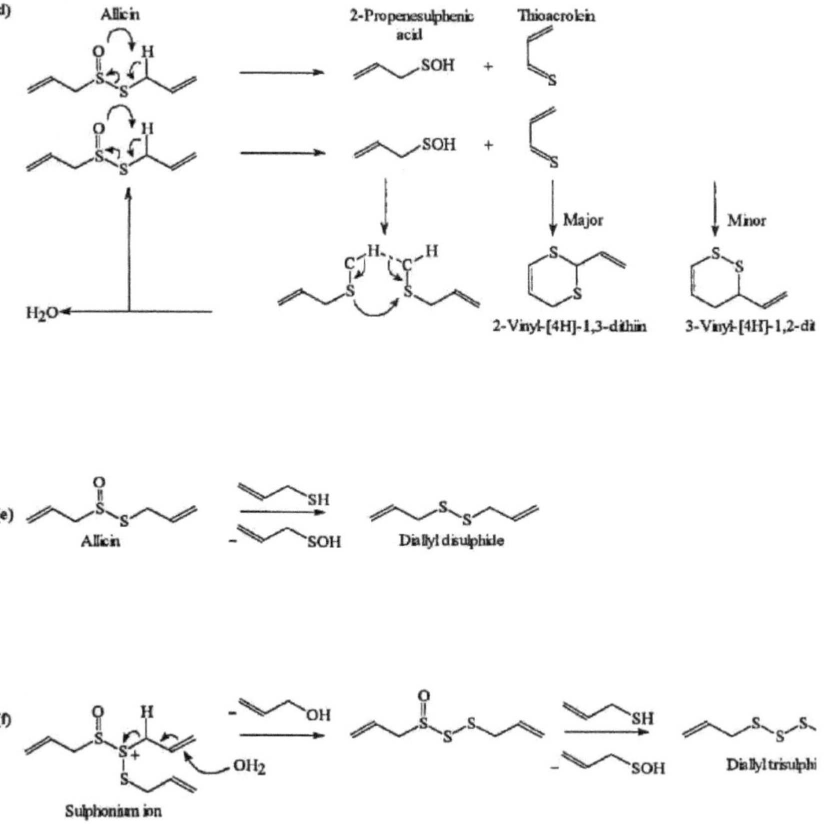

Figura 2-7 a-f: cont. Mecanismos de decomposição da alicina e formação de vários produtos de degradação

Não foram detectados níveis detectáveis de trissulfuretos durante um período de 40 dias, o que, a partir da Figura 2-7 f, poderia ser explicado pela inibição da adição de água à ligação dupla alílica do ião sulfónio no sistema não polar.

Os compostos apresentados na Figura 2-7 (a-f) foram detectados quando se permitiu que a alicina se decompusesse a 25 e 37°C durante 7 dias (Block 1984), bem como em extractos de alho em diferentes fases de degradação e envelhecimento catalisados pelo calor (Block, Ahmad, Catalfamo, Jain, & Apitz-Castro, 1986); (Block, et al., 1988), pelo que se conclui que este conjunto de reacções complexas poderia constituir a base do que se passa durante o aquecimento, dando origem ao aroma caraterístico do alho cozido.

Yu et al. (1993) analisaram os compostos voláteis de amostras de alho cozinhadas por diferentes métodos, como a fritura ou a cozedura. Entre os compostos voláteis detectados, o di- e o trissulfureto de dialilo foram os compostos dominantes encontrados em amostras de alho cozido ou cozido no micro-ondas, enquanto o dissulfureto de dialilo, o dissulfureto de metil-alilo e as vinilditiinas foram os compostos dominantes em amostras de alho frito, cozido em óleo e frito no micro-ondas. Infelizmente, não foi mencionada a deteção de ajoenos neste estudo, embora estes investigadores relatem que quase todos os tiossulfinatos foram quase completamente destruídos ou transformados noutros compostos por todos os processos de cozedura.

De acordo com as conclusões de Iberl et al. (1990a), apenas uma pequena quantidade de trissulfureto de dialilo foi encontrada em amostras de alho tratadas com óleo. Ao suplementar uma dieta com alho cozinhado por razões benéficas para a saúde, é, por conseguinte, importante considerar o método de cozedura ou a fase em que o alho é adicionado, por exemplo, a adição de alho numa fase muito tardia do processo de cozedura pode resultar na preservação de um maior número de tiossulfinatos. Foi cientificamente demonstrado que os extractos de alho e os muitos compostos neles contidos possuem um amplo espetro de atividade antimicrobiana e uma multiplicidade de outras propriedades farmacológicas; nas secções seguintes será feita uma revisão das mesmas.

2.4.5. Atividade antimicrobiana do alho

Esta tem sido uma das maiores áreas de investigação nas últimas décadas e granjeou uma reputação médica considerável para a erva. Foi demonstrado que o âmbito da sua atividade excede o dos antibióticos de mais largo espetro atualmente disponíveis, tendo não só atividade antibacteriana mas também propriedades antifúngicas e antivirais.

2.4.5.I. Atividade antibacteriana

A base científica para a utilização medicinal do alho é atribuída a Lehmann (1930), que descobriu que os extractos da planta aboliam o crescimento de *Escherichia coli* e *Salmonella typhi*. Huddleson et al. (1994) testaram substâncias antibacterianas em várias plantas verdes e descobriram que o sumo de alho fresco inibia o crescimento de

Staphyloccus aureus e *Brucella abortus*. Foi durante o rastreio de extractos de plantas para a atividade antibacteriana que Chester Cavalitto e John Hayes Bailey (1944) também notaram as propriedades antibacterianas do alho. Através da destilação a vapor de extractos de alho em etanol, obtiveram um óleo incolor com um cheiro forte que revelava uma forte ação bactericida. Este principal antibacteriano do alho foi designado por alicina e verificou-se que era eficaz em concentrações tão baixas como 1:85.000 a 1:125.000 contra uma série de bactérias Gram-positivas e Gram-negativas, incluindo *Staphylococcus aureus, Streptococcus viridans, Salmonella typhi, Vibrio cholerae, Shigella dysenteriae* e *Bacillus subtilis*. Estes investigadores verificaram que 1 mg de alicina tem uma atividade equivalente a aproximadamente 15 unidades Oxford de penicilina, ou seja, cerca de 1% da atividade da penicilina; contudo, os organismos Gram-negativos praticamente não foram afectados pela penicilina.

Investigações posteriores realizadas por Jezowa et al. (1966) mostraram que as bactérias pertencentes aos géneros *Klebsiella, Staphylococcus, Proteus, Streptococcus* e *Salmonella* eram muito sensíveis às preparações de alho fresco e seco no vácuo. Esta investigação foi prosseguida utilizando técnicas de disco de papel de filtro e de diluição em série para determinar a suscetibilidade destes microrganismos a 11 antibióticos habitualmente utilizados, incluindo a penicilina, o cloranfenicol, a estreptomicina, a eritromicina e a tetraciclina. O estudo revelou que as bactérias resistentes a 8 dos antibióticos testados apresentaram uma resposta elevada à preparação seca sob vácuo.

Sharma et al. (1977) realizaram um estudo semelhante, incluindo organismos adicionais dos géneros *Bacillus* e *Hafnia*, em que a atividade de discos impregnados de extrato de alho foi comparada com discos de 12 antibióticos comerciais. Mais uma vez, verificou-se que o alho inibia bactérias que apresentavam resistência a alguns dos antibióticos: nomeadamente um isolado de *Proteus* e *E. coli* que eram resistentes ao cloranfenicol, o antibiótico mais eficaz contra as bactérias Gram-negativas testadas, eram sensíveis ao extrato de alho. Num estudo posterior realizado por Srivastava et al. (1982), a seiva de alho demonstrou ser mais eficaz do que a ampicilina contra uma vasta gama de bactérias Gram-negativas enteropatogénicas, com exceção de uma estirpe de *salmonela* e de *shigella*.

Uma vez que o alho tem sido amplamente utilizado como condimento em vários produtos alimentares durante séculos, este último estudo é de particular interesse e é apenas um de uma série de relatórios sobre o efeito do alho especificamente em bactérias de intoxicação alimentar. Johnson e Vaughan (1969) estudaram o efeito letal do alho desidratado recentemente reconstituído sobre a *Salmonella typhymurium* e *a E. coli*, descobrindo que tanto as culturas em repouso como as culturas em crescimento dos dois organismos se tornavam inviáveis na presença de 10% (p/v) de extrato de alho no espaço de 6 horas. Estudos sobre o efeito combinado do alho, do pH do meio de crescimento e da temperatura de incubação sugerem que, em condições óptimas, o alho pode ser incluído em alguns produtos alimentares à base de carne seca para inibir o *S'. aureus* (Mantis, Karaioannoglou, Spanos, & Panetsos, 1978), *B. cereus* (Saleem & Al-Delaimey, 1982), o crescimento de esporos *de Bacillus cereus* (Karaioannoglou, 1977) e de esporos *de Clostridium perfringens* (Mantis, Koidis, Karaioannoglou, & Panetsos, 1979). $^{-1}$Foi demonstrado que a toxina A *do Clostridium botulinum* é inibida por 1 500 pg ml de óleo de alho adicionado à polpa de carne (De Wit, Notermans, & Gorin, 1979; De Wit, Notermans, Gorin, & Kampelmacher, 1979), enquanto mais recentemente Sato et al. (1993) demonstraram a inibição de *Vibrio parahaemolyticus* num homogenato de carne de peixe por um extrato aquoso de alho.

Nos últimos anos, assistiu-se novamente a um aumento da incidência da doença, muitas vezes fatal, da tuberculose, especialmente entre os sem-abrigo e os pobres. A forma comum da doença envolve uma infeção do sistema pulmonar pela bactéria *Mycobacterium tuberculosis* e o tratamento é muitas vezes prolongado, conseguido através da utilização de um curso múltiplo de antibióticos. Este tipo de terapia tem um efeito prejudicial na flora bacteriana comensal do doente, o que conduz frequentemente a infecções secundárias por agentes patogénicos oportunistas. Por conseguinte, é importante verificar que os extractos de alho demonstraram in vitro ser inibidores extremamente eficazes de muitas estirpes de *micobactérias,* especialmente *M. tuberculosis* (Rao, Rao, Natarajan, & Venkatarman, 1946); (Uchida, Takahashi, & Sato, 1975); (Delaha & Garagusi, 1985). Além disso, quando comparada com uma série de medicamentos anti-tuberculose primários in vitro, por exemplo, estreptomicina e isoniazida, uma preparação de óleo de alho demonstrou ser igualmente potente (Jain, 1993 e 1994). Os resultados destes estudos in vitro foram também complementados por uma série de ensaios in vivo. Subrahmanyan et al. (1957) referiram que a administração de alho a ratos albinos machos a um nível terapêutico (2,5% na alimentação) reduzia consideravelmente o número de coliformes e de bactérias anaeróbias presentes no conteúdo cecal e fecal.

O extrato de alho e a alicina também demonstraram exercer uma atividade antibacteriana potente contra a *Shigella flexneri* quando testados no modelo de coelho de shigelose experimental (Azad Chowdhury, Ashan, Islam, & Ahmed, 1991). Os coelhos infectados foram totalmente curados por ambos os agentes no prazo de 3 dias após a administração, ao passo que 4 dos 5 coelhos do grupo de controlo morreram no prazo de 48 h. Não se verificaram efeitos tóxicos nos coelhos com a dose terapêutica de qualquer um dos agentes.

Elnima et al. (1983) demonstraram a ação cida in vitro de um extrato de alho contra uma seleção de bactérias Gram positivas e Gram negativas, algumas das quais fazem parte da flora bucal humana que pode ser responsável pela cárie dentária. O estudo foi levado a cabo investigando o efeito do extrato de alho na flora bucal de voluntários humanos. O bochecho com um elixir bucal contendo um extrato de alho a 10% reduziu drasticamente o número de bactérias orais em mais de 99%.

O consenso geral de opinião tem sido que a atividade antibacteriana do alho se deve à formação de alicina. No entanto, Hughes e Lawson (1991) demonstraram recentemente que o metil-alil-tiossulfinato, o alil-metil-tiossulfinato, bem como a alicina, que se encontravam em homogenatos aquosos de dente de alho e de pó, possuem atividade antibacteriana in vitro. Verificou-se que a ordem de atividade antibacteriana entre estes tiossulfinatos era a seguinte: alicina > alil metilo > alil metilo: a alicina não mostrou qualquer atividade deste tipo.

2.4.6. Atividade anti-oxidante do alho

Sabe-se também que o selénio ajuda a desintoxicar os metais pesados, o que explica a eficácia do alho na luta contra o envenenamento por chumbo, mercúrio, arsénico e cádmio. O alho também demonstrou contrariar os efeitos tóxicos dos nitratos e dos nitritos, aditivos alimentares que foram implicados no cancro gástrico (Xing, et al., 1982).

A atividade dos radicais livres pode levar a uma série de condições fisiopatológicas, tais como arritmias cardíacas, aterosclerose e promoção de tumores. Ironicamente, o tratamento do cancro por quimioterapia e radioterapia pode também resultar na libertação de radicais livres. Outro processo envolve a peroxidação lipídica, cujos produtos interagem com os fosfolípidos celulares, provocando danos nas membranas, a inativação de enzimas e a depleção do glutatião, um dos principais sistemas de defesa do organismo. Foi demonstrado que este processo é significativamente inibido in vitro por um extrato de alho, bem como pelo composto alliin (Kourounakis & Rekka, 1991). Estudos mais recentes mostraram também que os polissulfuretos de dialilo (ou seja, di-, tri-, tetrasulfureto, etc.) e a S-alilcisteína são anti-oxidantes que podem inibir a peroxidação lipídica, sendo os polissulfuretos mais elevados, como os hexassulfuretos, anti-oxidantes particularmente potentes (Horie, Awazu, Itakura, & Fuwa, 1992); (Imai, et al., 1994); (Rekka & Kourounakis, 1994).

2.4.7. Tira de alho roxo

Os alhos de risca púrpura são ophios (de pescoço duro) e são geralmente muito estriados, com riscas verticais arroxeadas que decoram os invólucros dos bolbos, daí o seu nome. Entre as riscas roxas, os invólucros dos bolbos são geralmente muito brancos e espessos. Algumas sub-variedades são mesmo fortemente salpicadas de púrpura. A coloração é afetada pelas condições de crescimento, em particular o clima, e por vezes são fortemente coloridos e outras vezes mais brancos do que roxos. (Purple Stripe Garlics, 2015)

2.4.8. Alho estrela da Pérsia

Persian Star - Um verdadeiro alho de pescoço duro médio que é doce quando assado. Colheita a meio do verão - conserva-se durante cerca de 6 meses. O Persian Star é talvez o mais bonito do grupo padrão de Purple Stripes, com os seus grossos invólucros de bolbos brancos que são riscados de púrpura à medida que se retiram os invólucros exteriores. Quando todos os invólucros são retirados, os cravos, com as suas pontas longas e afiadas, assemelham-se a uma estrela de oito pontas, daí o seu nome. (Gourmet Garlic Gardens, 2015)

2.4.9. Ecótipos de alho no Irão

Baghalian et al. referiram 24 ecotipos de alho cultivados nas principais zonas de cultivo do Irão. (Baghalian, Ziai, Naghavi, Naghdi Badi, & Khalighi, 2005)

Figura 2-8: Áreas de cultivo de alho no Irão

Quadro 2-2 : Ecotipos de alho do Irão

Region originated	Bulbs mean weight (g)	Clove mean weight (g)	Clove color
Khaf	41.84	3.3	Violet
Tarom1	53.24	3.77	Violet
Ramhormoz	20	0.7	White
Shevarin	54.88	4.5	White
Gorgan	54.85	4.6	White
Haji abad	31.85	1.3	Red
Sepidan1	29	0.93	Cream–Violet
Dezful	41.9	2.8	White–Violet
Tuyserkan	53.3	4	White
Talesh2	44.24	3.27	Cream–White
Kalardasht	22.16	3	Violet
Qasr-e-Shirin	35.2	1.97	Cream–White
Tafresh	31.86	4.23	Violet
Tarom2	50	3.77	Violet
Sepidan2	27.25	2.18	Violet
Taleqan	62.34	5.44	Violet
Barma	23.3	1.67	White
Behshahr	26.62	2	Violet
Khoram Abad	36.8	3.55	Violet
Talesh1	16	1.74	Violet
Birjand	27.32	2.48	Violet
Torbat-e-Jam	40.15	2.93	White
Gonbad-e-Kavus	30.63	1.82	White
Langerud	32.27	2.66	Violet

2.4.10. Alho roxo raspado

Rasht (Coordenadas: 37°16'51 "N 49°34'59 "E) (Persa: Rast, Gilaki: Resht, também romanizado como Resht e Rast, e muitas vezes soletrado Recht em manuscritos franceses e alemães mais antigos) é a capital da província de Gilan e a maior cidade da costa iraniana do Mar Cáspio. (GeoNames, 2015)

O alho roxo Rasht é um alho estrela persa; famoso pelas suas caraterísticas especiais, como a cor púrpura atractiva, os bolbos grandes e o cheiro e sabor fortes. Este tipo de alho cultivado é mais apreciado pelos consumidores para uso fresco, bem como para uso seco ou em conserva. Os bolbos de alho Rasht são grandes como o ecótipo de alho Gorgan, mas de cor púrpura e não branca.

Capítulo III

Materiais e métodos

3.1. Produtos químicos e equipamentos

Produtos químicos: Água desionizada, etanol, metanol, hexano, clorofórmio, DPPH (2,2-difenil-1-picrilhidrazil), folin-ciocalteu, $Na_2 CO_3$, ácido ascórbico, ácido gálico, ácido sulfúrico 1%, cloreto de bário, 1,175% foram adquiridos à empresa Merck.

Meios: O ágar Mueller hinton e o caldo Mueller hinton foram adquiridos à Merck Company.

Equipamento: Espectrofotómetro (Jenway 6310), incubadora, autoclave (Yamato SM210), Benmari (Sakolab modelo W607D), medidor de pH (Denver, modelo 215), homogeneizador (ultra turrax T 810).

3.2. Bactérias

3.2.1. *Staphylococcus aureus* (PTCC 1436)

Os estafilococos são bactérias Gram-positivas esféricas, imóveis e que formam cachos semelhantes a uvas. Formam cachos porque se dividem em dois planos, ao contrário dos seus parentes próximos, os estreptococos, que formam cadeias porque se dividem apenas num plano. As colónias formadas por *5. aureus* são amarelas (daí o nome aureus, que significa ouro em latim) e crescem muito num meio rico. *O Staphylococcus aureus* e o seu género *Staphylococci* são anaeróbios facultativos, o que significa que crescem por respiração aeróbica ou fermentação que produz ácido lático.

Como agente patogénico, é importante compreender os mecanismos de virulência do *S. aureus*, especialmente o *Staphylococcus aureus* resistente à meticilina (MRSA), a fim de combater com êxito o agente patogénico. A população crescente de "super germes" e de agentes patogénicos resistentes aos antibióticos aumentou a pressão sobre os investigadores para encontrarem formas alternativas e mais eficazes de combater estes "super germes". A sequenciação do ADN deste micróbio já isolou o código-fonte da sua resistência aos antibióticos, e mais investigação irá muito provavelmente conduzir-nos ao caminho da nossa próxima artilharia contra este e muitos outros agentes patogénicos. (Staphylococcus aureus, 2015)

3.2.2. *Escherichia coli* (PTCC 1399)

A E. coli é uma bactéria Gram-negativa facultativa (crescimento aeróbio e anaeróbio), em forma de bastonete, que pode ser encontrada habitualmente nas fezes de animais, no intestino delgado de mamíferos e até na borda de fontes termais. A sua temperatura óptima de crescimento é de 37° C.

A E. coli é um organismo Gram-negativo que não pode esporular. Por conseguinte, é fácil de erradicar através de uma simples fervura ou esterilização básica. *A E. coli* também pode ser classificada em centenas de estirpes com base em diferentes serotipos. *A E. coli O157:H7*, por exemplo, é uma estirpe bem estudada da bactéria *E. coli,* que produz toxinas semelhantes às de Shiga, causando doenças graves através da ingestão de queijo e carne contaminada (Escherichia coli, 2015).

3.2.3. *Shigella dysenteriae* (PTCC 1188)

O S. dysenteriae é um bacilo Gram-negativo pequeno, não capsulado, não móvel (em forma de bastonete). Não forma esporos. *O S. dysenteriae* encontra-se em todo o mundo, mas concentra-se em áreas onde a população sofre de sobrepopulação e subnutrição e não possui uma gestão adequada dos resíduos nem abastecimento de água potável. *A 5. dysenteriae* tem causado disenteria endémica em África, no Sudeste Asiático e no subcontinente indiano. Os seres humanos são os únicos hospedeiros naturais de *5. dysenteriae*, embora as moscas domésticas possam servir de vectores para a transmissão de S. dysenteriae. Embora S. *dysenteriae* tenha sido encontrada em alimentos e água contaminados, este organismo geralmente sobrevive mal fora do corpo humano. (Shigella dysenteriae, 2015)

3.2.4. *Pseudomonas aeroginosa* (PTCC 1430)

A Pseudomonas aeruginosa é uma bactéria Gram-negativa, em forma de bastonete, asporogénica e monoflagelada que possui uma incrível versatilidade nutricional. É um bastonete com cerca de 1-5 pm de comprimento e 0,5-1,0 pm de largura. *A P. aeruginosa* é um respirador obrigatório, utilizando a respiração aeróbica (com oxigénio) como o seu metabolismo ideal, embora também possa respirar anaerobicamente com nitrato ou outros aceitadores de electrões alternativos. *A P. aeruginosa* pode catabolizar uma vasta gama de moléculas orgânicas, incluindo compostos orgânicos como o benzoato. Isto faz com que *a P. aeruginosa* seja um microrganismo muito ubíquo, pois foi encontrada em ambientes como o solo, a água, os seres humanos, os animais, as plantas, os esgotos e os hospitais. Em todos os ecossistemas aquáticos oligotrópicos, que contêm um elevado teor de oxigénio dissolvido, mas poucos nutrientes para as plantas, *a P. aeruginosa* é o habitante predominante, o que a torna claramente o organismo mais abundante na Terra. (Pseudomonas aeruginosa, 2015)

3.2.5. *Yersinia enterocolitica* (PTCC 1151)

Y. enterocolitica são bactérias Gram-negativas, em forma de bastonete, que dão origem a intoxicações alimentares. Outras espécies desta família incluem a *Y. pseudotuberculosis* e *a Y. pestis,* ambas patogénicas conhecidas. *A Y. enterocolitica* encontra-se mais frequentemente nas fezes e nas feridas, mas também pode contaminar alimentos e fontes de água. No entanto, apenas algumas estirpes de *Y. enterocolitica* causam doenças em seres humanos e especialmente em suínos. Compreender a *Y. enterocolitica* é importante devido ao número crescente de infecções por esta espécie nos últimos 30 anos. Este agente patogénico pode induzir gastroenterite, que produz inflamação da membrana mucosa gastrointestinal semelhante à causada por espécies de salmonelas.

O isolamento de *Y. enterocolitica* melhora a compreensão deste organismo como agente patogénico. Foram utilizadas algumas técnicas para isolar *a Y. enterocolitica.* Foi efectuado um procedimento de "enriquecimento a frio" a partir de amostras de fezes em 1975 na Universidade da Califórnia, Los Angeles. O método de enriquecimento a frio tem em conta o crescimento lento deste organismo a 37^0 C, tratando a amostra com solução salina e armazenando-a a 4^0 C antes de proceder ao exame normal e à cultura de *Y. enterocolitica.* Este procedimento melhorou a recuperação de *Y. enterocolitica* em comparação com o procedimento convencional sem enriquecimento pelo frio. Além disso, o ágar MacConkey e o meio que contém caldo de soja Trypticase, extrato de levedura, sais biliares e Irgasan a 12^0 C também podem recuperar determinadas estirpes de *Y. enterocolitica.* Estes métodos foram úteis no isolamento de estirpes virulentas de línguas de suínos. (Yersinia enterocolitica, 2015)

3.2.6. *Salmonella typhimurium* (PTCC 1596)

A Salmonella typhimurium é uma bactéria Gram-negativa patogénica que se encontra predominantemente no lúmen intestinal. A sua toxicidade deve-se a uma membrana externa constituída maioritariamente por lipopolissacáridos (LPS) que protegem a bactéria do ambiente. O LPS é constituído por um antigénio O, um núcleo polissacárido e um lípido A, que o liga à membrana externa. O lípido A é constituído por duas glucosaminas fosforiladas que estão ligadas a ácidos gordos. Estes grupos fosfato determinam a toxicidade bacteriana. Os animais são portadores de uma enzima que remove especificamente estes grupos fosfato, numa tentativa de se protegerem destes agentes patogénicos. O antigénio O, que se encontra na parte mais externa do complexo LPS, é responsável pela resposta imunitária do hospedeiro. *A S. typhimurium* tem a capacidade de sofrer acetilação deste antigénio O, o que altera a sua conformação e dificulta o reconhecimento por parte dos anticorpos. (Salmonella typhimurium, 2015)

3.2.7. *Enterococcus faecalis* (Van R 181)

Espécie microbiana não-móvel, Gram-positiva, facultativamente anaeróbia, que habita normalmente no trato gastrointestinal e no trato genital (feminino) dos seres humanos e de outros mamíferos; pode tornar-se patogénica, especialmente em ambiente nosocomial, e causar situações de risco de vida, principalmente devido à elevada resistência aos antibióticos associada a este grupo. A espécie é anteriormente conhecida como Streptococcus faecalis, também conhecida como Grupo D do género *Streptococcus.* No entanto, a análise do ADN mostrou que esta espécie está mais estreitamente relacionada com o género *Enteroccoccus.*

A E. faecalis é um agente patogénico oportunista, o que significa que é um comensal no trato gastrointestinal; no entanto, quando a função imunitária está comprometida, o micróbio pode crescer em número e tornar-se patogénico. Algumas das doenças humanas comummente associadas causadas por *E. faecalis* são as seguintes

- Infecções do trato urinário
- Endocardite infecciosa
- Infecções do trato biliar
- Lesões abdominais supurativas
- Meningite

O E. faecalis é utilizado comercialmente como probiótico em rações para bovinos e aves de capoeira, uma vez que se verifica que diminui a diarreia nestes animais. (Enterococcus faecalis, 2015)

3.2.8. *Listeria monocytogenes* (PTCC 1298)

Um género de bactérias Gram-positivas aeróbias móveis em forma de bastonete. Apenas uma espécie, *L. monocytogenes*, causa doença (listeriose). É resistente a tratamentos físicos e químicos e pode ocorrer como contaminante em certos alimentos, nas fezes, etc. A listeriose pode assumir várias formas, dependendo do local de infeção: a localização no sistema nervoso central causa meningoencefalite, enquanto a infeção uterina pode resultar em aborto ou deficiência congénita no feto. (Listeria, 2015)

3.3. Métodos experimentais

3.3.1. Preparação de extractos

O método de maceração foi utilizado para preparar os extractos, exceto o extrato total. A palavra "maceração" significa "amolecimento". É utilizado na preparação de tinturas, extractos e infusões concentradas. Este é o método mais simples de extração de drogas em bruto. Neste processo, o material a extrair é colocado num recipiente fechado e é-lhe adicionado um solvente adequado e deixado durante um período de tempo com agitação ocasional. O líquido é então coado e o resíduo sólido (Marc) é prensado para remover a solução tanto quanto possível. Os líquidos coados e extraídos são misturados e clarificados por filtração. O extrato deve ser devidamente triturado, mas deve ser evitado o pó fino, uma vez que a clarificação subsequente se torna difícil. (Sharma & Jain, 2011)

3.3.1.1. Extractos de etanol, metanol, hexano, clorofórmio e aquoso:

Neste estudo, foi utilizado o método de maceração para preparar extractos solventes de bolbos e cascas de alho. Os bolbos de alho foram ralados com um ralador de aço inoxidável. A proporção de bolbo de alho para solvente foi de 1:2 e de casca para solvente foi de 1:50. Os frascos selados das soluções foram mantidos num local escuro durante 24 horas à temperatura ambiente, com agitação frequente. Após 24 horas, foram coadas com roupas estéreis. Os solventes (exceto o extrato aquoso) foram evaporados utilizando um evaporador rotativo e as soluções restantes foram consideradas como extractos; foram mantidas em frascos de vidro escuros e selados a 4^0 c até à utilização.

3.3.1.2. Extrato fabricado

Para preparar os extractos de cerveja, adicionou-se água desionizada a ferver durante 5 minutos ao alho ralado e à casca de alho. Em seguida, colocou-se a tampa do frasco na sua porta. Após 20 minutos, a solução foi coada com roupas esterilizadas e considerada como extrato fermentado, depois foi mantida num frasco de vidro esterilizado para arrefecer à temperatura ambiente e foi utilizada em experiências. Este extrato foi preparado e utilizado recentemente. (Volak & Stodola, 2007)

3.3.1.3. Extrato total

Para preparar o extrato total de alho, o alho triturado foi submetido a pressão e o líquido exsudado foi considerado como extrato total de alho; mantido num frasco de vidro escuro e selado a 4^0 C até ser utilizado.

3.3.2. Testes antibacterianos

3.3.2.1. Método do poço (método de difusão em poço ou método da placa em taça)

A difusão em ágar refere-se ao movimento de moléculas através da matriz formada pela gelificação do ágar. Quando realizado em condições controladas, o grau de movimento da molécula pode ser relacionado com a concentração da molécula. Este fenómeno constitui a base do ensaio de difusão em ágar que é utilizado para determinar a suscetibilidade ou resistência de uma estirpe bacteriana a um agente antibacteriano. Para este efeito, foram preparadas soluções de 0,5 McFarland de estirpes selecionadas de bactérias em caldo Mueller hinton. Utilizando uma zaragatoa de algodão estéril, as culturas em caldo Mueller hinton foram esfregadas na superfície de placas de ágar Mueller hinton estéreis. Os poços de ágar foram preparados com a ajuda de uma broca de cortiça esterilizada com 7 mm de diâmetro. Utilizando uma micropipeta, foram adicionados 100 microlitros de diferentes concentrações de extractos a diferentes poços da placa. As placas foram incubadas a 37^0 C durante 24 horas. O diâmetro das zonas de inibição foi medido em mm e os resultados foram registados. (Indu, Hatha, Abirosh, & Harsha, 2006)

3.3.2.2. Concentração bactericida mínima (CBM)

O teste MBC determina a concentração mais baixa a que um agente antimicrobiano mata um determinado microrganismo. 100 microlitros da diluição em série de cada extrato mais 100 microlitros de 10^6 CFU/ml de cada suspensão de bactérias foram injectados em microplacas elisa. Após 24 horas de incubação a 37 °C, as culturas de estirpes de cada tubo foram aplicadas em ágar Mueller hinton e incubadas durante mais 24 horas a 37 °C para verificar o crescimento positivo ou negativo das bactérias. (Finegold, Baron, & Bailey, 1990)

3.3.3. Testes de antioxidantes

3.3.3.I. Ensaio do teor fenólico total

O ensaio de Folin-Ciocalteu é frequentemente utilizado para determinar o teor total de fenólicos dos alimentos. O reagente de Folin-Ciocalteu não é específico e detecta todos os grupos fenólicos presentes nos extractos, incluindo os presentes nas proteínas extraíveis. Uma desvantagem deste ensaio é a interferência de substâncias redutoras, como o ácido ascórbico, nas determinações.

Os fenólicos totais são doseados colorimetricamente de acordo com as modificações efectuadas por Singleton e Rossi (1965) e Hoff e Singleton (1977):

Misturaram-se bem 2,5 mL de reagente de Folin-Ciocalteu diluído 10 vezes, 2 mL de uma solução de carbonato de sódio a 7,5% e 0,5 mL de solução de fenólicos. A absorvância é medida a 765 nm após um aquecimento de 15 minutos a 45°C; uma mistura de água e reagentes é utilizada como um branco. O teor de fenólicos é expresso em equivalentes de ácido gálico (Shahidi & Naczk, 2006).

3.3.3.2. Atividade de eliminação de radicais livres (método DPPH)

A capacidade de doação de electrões das amostras e dos padrões - ácido gálico e Vit-C - foi determinada a partir do branqueamento de uma solução etanólica de cor púrpura de DPPH. Este ensaio espetrofotométrico utiliza o radical estável 2, 2-difenil-1-picrilhidrazil como reagente. O DPPH foi preparado a uma concentração de 0,002%. Diferentes concentrações (2,0 a 0,001 mg/mL) de extractos foram colocadas em tubos de ensaio separados e os volumes foram aumentados para 2 mL utilizando etanol. Em seguida, foram adicionados 2 ml de solução de DPPH em cada tubo de ensaio e estas soluções foram mantidas no escuro durante trinta minutos. O mesmo procedimento foi seguido para Vit-C e ácido gálico. Todas as amostras foram testadas em triplicado. Posteriormente, a densidade ótica foi registada a 517 nm utilizando um espetrofotómetro. O etanol com DPPH foi utilizado como controlo. O método foi o mesmo que o utilizado por Lawrences (2011) com uma ligeira modificação. A fórmula utilizada para o cálculo é a seguinte:

$$\%\ de\ inibição\ da\ atividade\ DPPH = (A\text{-}B/A)\ X\ 100$$

Em que A = densidade ótica do controlo;

B = Densidade ótica da amostra.

3.4. Preparação do Doogh

O Doogh não carbonatado - tratado termicamente foi preparado de acordo com a norma nacional iraniana n.º 10528 (Doogh - Código de práticas e produção). (Figura 3-1)

O sal foi dissolvido em água destilada e o teor de sal do produto final foi de 0,7%. Quarenta (40) % da formulação de Doogh foi iogurte (2,5% de gordura e acidez de 135 dornic), adicionado à água salgada, bem misturado e passado por um homogeneizador (Ultra turrax modelo T-810 Alemanha) com velocidade de 11000 rpm durante 30 minutos a 60° C. (Amiri & Aelami, 2011)

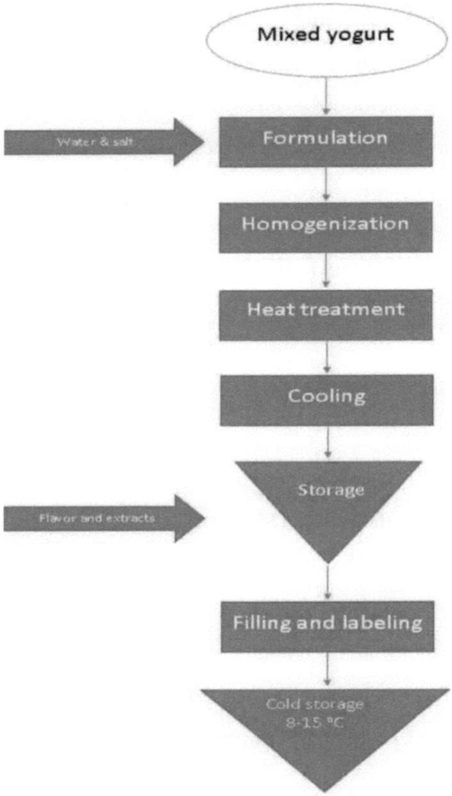

Figura 3-1: Fluxograma de preparação do Doogh

3.4.1. Estabilidade

Para testar o efeito do extrato de alho na estabilidade do Doogh, 100 ml de Doogh adicionado ao extrato e de controlo foram vertidos em cilindros graduados de 100 ml (3 amostras de cada) selados com parafilme e folha de alumínio e deixados à temperatura ambiente durante 15 dias. A sedimentação foi registada em percentagem. Todos os cilindros, frascos e tampas foram aquecidos num forno a 200° C durante 3 horas para ficarem estéreis antes de serem utilizados de acordo com o método de Amiri & Aalami (2011) com ligeiras modificações.

3.4.2. Avaliação sensorial

Os atributos sensoriais do Doogh, incluindo o sabor, a sensação na boca, o odor, a cor e a aceitabilidade global, foram avaliados utilizando uma escala de classificação de 4 pontos, 1 = indesejável, 2 = tolerável, 3 = bom, 4 = desejável, numa escala hedónica (Meilgaard, Civille, & Carr, 1999), por 5 provadores treinados e 20 consumidores comuns que bebem habitualmente Doogh. Um dia após a preparação, 5° C amostras arrefecidas (Doogh contendo 0,1, 0,5 e 1 % de extrato total de alho e Doogh sem extrato adicionado) foram apresentadas aos membros do painel em recipientes codificados com três dígitos, juntamente com água mineral potável, para enxaguamento bucal entre testes, para avaliação sensorial (Azarikia & Abbasi, 2010).

3.4. Análise estatística

Com base num plano estatístico completamente aleatório, o teste ANOVA seguido do teste de intervalo múltiplo de Duncan foram realizados ao nível de significância de 0,05 usando o SPSS 20 para analisar estatisticamente os dados obtidos. O Microsoft Excel 2013 e o SPSS 20 foram usados para desenhar tabelas e gráficos.

Capítulo IV

Resultados e discussão

4.1. Extractos

Após a pesagem de 100 g de bolbos de alho escolhidos acidentalmente, a relação entre o bolbo de alho e a casca foi de 90:10.

Os extractos de etanol, metanol e água do alho eram turvos e o etanol tinha um odor mais forte do que os outros quatro extractos (metanol, fermentado, aquoso e fervido). Além disso, a adição de etanol ao alho formou uma substância muito pegajosa que é muito difícil de lavar das mãos com água, sabão ou mesmo etanol.

O hexano tem o odor mais forte e repulsivo; o material extraído do alho por hexano sedimenta no fundo do frasco como uma camada amarelada.

Os extractos de alho em clorofórmio não têm um odor tão forte como os extractos em etanol ou hexano e o material extraído flutua como uma camada branca no topo do solvente. (Figura 4-1)

Figura 4-1: extractos de hexano e clorofórmio antes da remoção do solvente

4.2. Antibacteriano

4.2.1. Resultados do método do poço

Tabela 4-1: Resultados do método do poço - Diâmetro da zona de inibição (em mm)

Extract/Concentrate		unpeeled / peeled													
		S		Y		E-Coli		S.T		Sh		En		P	
Total extract	1			48	45	30	27	34	30	31	28	25	25	19	19
	1/2	48*	48*	39	38	27	25	30	28	27	26	20	20	15	15
	1/4			33	32	23	23	24	24	24	22	17	17	7	7
	1/8			30	26	20	17	21	18	20	20	12	12	0	0
	1/16	37	37	28	25	15	14	17	15	19	17	10	8	0	0
Brewed	1	35	35	28	28	23	22	23	22	23	22	16	16	0	0
	1/2	34	33	22	22	22	21	20	19	20	18	14	14	0	0
	1/4	33	30	24	23	19	19	15	15	15	14	11	10	0	0
	1/8	21	21	20	20	15	15	7	7	8	7	0	0	0	0
	1/16	12	12	17	16	12	12	0	0	0	0	0	0	0	0
Ethanol	1	38	38	33	32	21	19	20	19	20	19	12	11	11	11
	1/2	35	34	26	25	17	15	15	14	16	15	7	7	7	7
	1/4	29	29	20	20	14	8	12	12	9	8	0	0	0	0
	1/8	22	21	15	15	10	0	7	7	0	0	0	0	0	0
	1/16	15	12	9	9	0	0	0	0	0	0	0	0	0	0
Methanol	1	36	35	32	31	20	19	19	18	19	18	11	11	11	11
	1/2	31	30	25	25	16	15	15	15	15	15	7	7	7	7
	1/4	25	24	18	18	12	12	11	10	8	7	0	0	0	0
	1/8	21	20	15	14	10	7	0	0	0	0	0	0	0	0
	1/16	15	12	8	8	0	0	0	0	0	0	0	0	0	0
Aqueous	1	35	35	32	32	23	22	23	22	23	22	0	0	0	0
	1/2	31	30	25	25	20	18	17	15	18	17	0	0	0	0
	1/4	25	24	20	20	17	15	12	12	11	11	0	0	0	0
	1/8	18	17	16	15	12	11	0	0	0	0	0	0	0	0
	1/16	12	10	10	10	0	0	0	0	0	0	0	0	0	0
Hexane	1	18	17	15	15	17	17	16	15	10	7	0	0	0	0
	1/2	10	10	8	7	14	13	11	10	7	0	0	0	0	0
	1/4	0	0	0	0	7	7	0	0	0	0	0	0	0	0
	1/8	0	0	0	0	0	0	0	0	0	0	0	0	0	0
	1/16	0	0	0	0	0	0	0	0	0	0	0	0	0	0
Chloroform	1	20	18	14	12	0	0	0	0	0	0	0	0	0	0
	1/2	17	16	11	11	0	0	0	0	0	0	0	0	0	0
	1/4	12	11	7	7	0	0	0	0	0	0	0	0	0	0
	1/8	0	0	0	0	0	0	0	0	0	0	0	0	0	0
	1/16	0	0	0	0	0	0	0	0	0	0	0	0	0	0
Boiled	1	15	15	12	12	0	0	0	0	0	0	0	0	0	0
	1/2	13	12	10	8	0	0	0	0	0	0	0	0	0	0
	1/4	0	0	0	0	0	0	0	0	0	0	0	0	0	0
	1/8	0	0	0	0	0	0	0	0	0	0	0	0	0	0
	1/16	0	0	0	0	0	0	0	0	0	0	0	0	0	0
Garlet	1	24		22		12		12		18		0		0	
	1/2	17		16		0		10		12		0		0	
	1/4	12		12		0		0		10		0		0	
	1/8	0		0		0		0		0		0		0	
	1/16	0		0		0		0		0		0		0	

S: S. aureus - **Y**: Y. Enterocolitica - **S.T**: S. typhimurium - **Sh**. S. Dysentery - **En**: E. faecalis - **P**: P. aeroginosa

*: foi observado o diâmetro máximo de inibição (48 mm).

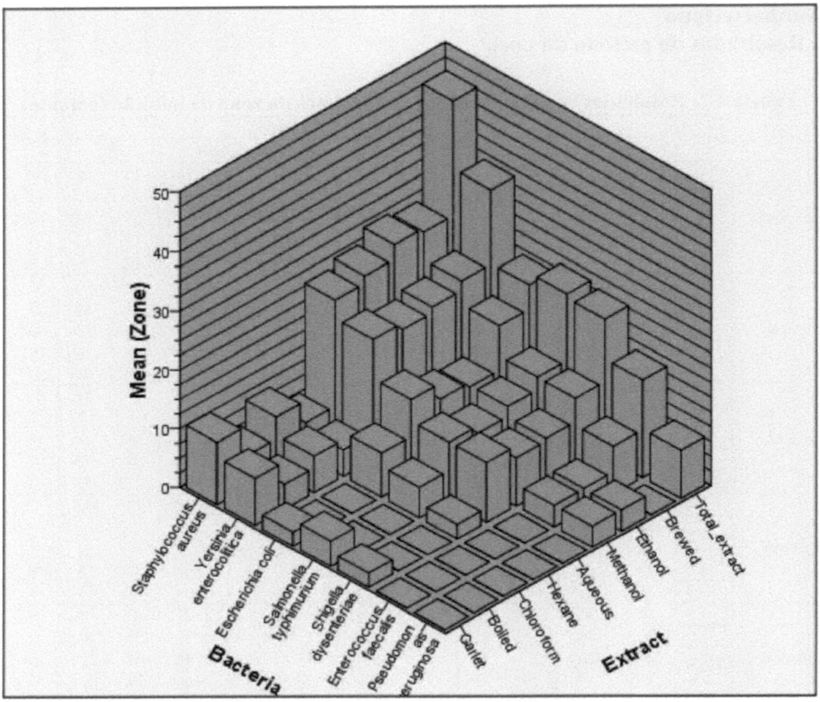

Figura 4-2: Resultados do método do poço

4.2.2. Média dos resultados do método do poço *(incluindo dados de valor zero)*

Tabela 4-2: média da zona de inibição por extractos (mm). Zona * Extrato

Zone

Extract	Mean	N	Std. Deviation
total extract	24.9429	210	12.78518
Brewed	14.3143	210	10.47742
Ethanol	12.1000	210	10.84182
Methanol	11.3714	210	10.14371
Aqueous	11.1714	210	11.12001
Hexane	3.5857	210	5.90716
Chloroform	2.2143	210	5.14449
Boiled	1.3857	210	3.94808
Garlet	3.9714	105	6.71602
Total	9.7731	1785	11.66808

Tabela 4-3: média da zona de inibição das bactérias (mm). Zona * Bactéria

Zone

Bacteria	Mean	N	Std. Deviation
Staphylococcus aureus	20.4471	255	14.98018
Yersinia enterocolitica	15.9529	255	11.94993
Escherichia coli	9.8941	255	9.29655
Salmonella typhimurium	8.6824	255	9.59808
Shigella dysenteriae	7.8588	255	9.44502
Enterococcus faecalis	3.7647	255	6.62787
Pseudomonas aeroginosa	1.8118	255	4.45492
Total	9.7731	1785	11.66808

Quadro 4-4: média da zona de inibição dos extractos de alho descascado e não descascado (mm). Zona * Casca

Zone

Peel	Mean	N	Std. Deviation
with	10.4036	840	12.00070
without	9.8679	840	11.63019
Total	10.1357	1680	11.81642

4.2.3. Média dos resultados do método do poço *(excluindo dados de valor zero)*

Tabela 4-5: média da zona de inibição por extractos (mm). Zona * Extrato

Zone

Extract	Mean	N	Std. Deviation
total extract	26.4545	198	11.54226
Brewed	19.2692	156	7.20604
Ethanol	17.2857	147	8.83254
Methanol	16.5833	144	7.95925
Aqueous	19.5500	120	7.21093
Hexane	11.9524	63	4.00173
Chloroform	12.9167	36	3.98121
Boiled	12.1250	24	2.40131
Garlet	13.9000	30	4.35771
Total	19.0033	918	9.44830

Tabela 4-6: média da zona de inibição das bactérias (mm). Zona * Bactéria

Zone

Bacteria	Mean	N	Std. Deviation
Staphylococcus aureus	25.9403	201	11.90741
Yersinia enterocolitica	20.2388	201	9.70478
Escherichia coli	16.8200	150	5.48221
Salmonella typhimurium	16.7727	132	6.47201
Shigella dysenteriae	16.7000	120	6.44381
Enterococcus faecalis	13.3333	72	5.27017
Pseudomonas aeroginosa	11.0000	42	4.40620
Total	19.0033	918	9.44830

Quadro 4-7: média da zona de inibição dos extractos de alho descascado e não descascado (mm). Zona * Casca

Zone

Peel	Mean	N	Std. Deviation
with	19.5503	447	9.57583
without	18.7959	441	9.47240
Total	19.1757	888	9.52671

Quadro 4-8: extractos homogéneos ao nível de significância de 0,05

			Subset for alpha = 0.05				
	Extract	N	1	2	3	4	5
Tukey HSD[a,b]	Boiled	210	1.3857				
	Chloroform	210	2.2143				
	Hexane	210	3.5857				
	Garlet	105	3.9714				
	Aqueous	210		11.1714			
	Methanol	210		11.3714			
	Ethanol	210		12.1000	12.1000		
	steamed	210			14.3143		
	total_extract	210				24.9429	
	Sig.		.136	.987	.316	1.000	
Duncan[a,b]	Boiled	210	1.3857				
	Chloroform	210	2.2143	2.2143			
	Hexane	210		3.5857			
	Garlet	105		3.9714			
	Aqueous	210			11.1714		
	Methanol	210			11.3714		
	Ethanol	210			12.1000		
	steamed	210				14.3143	
	total_extract	210					24.9429
	Sig.		.381	.078	.358	1.000	1.000

São apresentadas as médias dos grupos em subconjuntos homogéneos.

a Utiliza a média harmónica da dimensão da amostra = 189.000.

b. As dimensões dos grupos são desiguais. É utilizada a média harmónica das dimensões dos grupos. Os níveis de erro do tipo I não são garantidos.

Quadro 4-9: extractos homogéneos ao nível de significância de 0,01

	Extract	N	Subset for alpha = 0.01 1	2	3	4
Tukey HSD[a,b]	Boiled	210	1.3857			
	Chloroform	210	2.2143			
	Hexane	210	3.5857			
	Garlet	105	3.9714			
	Aqueous	210		11.1714		
	Methanol	210		11.3714		
	Ethanol	210		12.1000		
	Brewed	210		14.3143		
	Total_extract	210			24.9429	
	Sig.		.136	.025	1.000	
Duncan[a,b]	Boiled	210	1.3857			
	Chloroform	210	2.2143			
	Hexane	210	3.5857			
	Garlet	105	3.9714			
	Aqueous	210		11.1714		
	Methanol	210		11.3714		
	Ethanol	210		12.1000	12.1000	
	Brewed	210			14.3143	
	Total_extract	210				24.9429
	Sig.		.011	.358	.019	1.000

São apresentadas as médias dos grupos em subconjuntos homogéneos.

a. Utiliza a média harmónica Tamanho da amostra = 189.000.

b. Os tamanhos dos grupos são desiguais. É utilizada a média harmónica dos tamanhos dos grupos. Os níveis de erro do tipo I não são garantidos.

Tabela 4-10: bactérias homogéneas ao nível de significância de 0,05

	Bacteria	N	Subset for alpha = 0.05 1	2	3	4	5	6
Tukey HSD[a]	Pseudomonas aeruginosa	255	1.8118					
	Enterococcus faecalis	255	3.7647					
	Shigella dysenteriae	255		7.8588				
	Salmonella typhimurium	255		8.6824				
	Escherichia coli	255		9.8941				
	Yersinia enterocolitica	255			15.9529			
	Staphylococcus aureus	255				20.4471		
	Sig.		.292	.244	1.000	1.000		
Duncan[a]	Pseudomonas aeruginosa	255	1.8118					
	Enterococcus faecalis	255		3.7647				
	Shigella dysenteriae	255			7.8588			
	Salmonella typhimurium	255			8.6824	8.6824		
	Escherichia coli	255				9.8941		
	Yersinia enterocolitica	255					15.9529	
	Staphylococcus aureus	255						20.4471
	Sig.		1.000	1.000	.352	.171	1.000	1.000

São apresentadas as médias dos grupos em subconjuntos homogéneos a. Utiliza a média harmónica Tamanho da amostra = 255.000.

Quadro 4-11: extractos homogéneos ao nível de significância de 0,01

	Bacteria	N	Subset for alpha = 0.01 1	2	3	4
Tukey HSD[a]	Pseudomonas aeruginosa	255	1.8118			
	Enterococcus faecalis	255	3.7647			
	Shigella dysenteriae	255		7.8588		
	Salmonella typhimurium	255		8.6824		
	Escherichia coli	255		9.8941		
	Yersinia enterocolitica	255			15.9529	
	Staphylococcus aureus	255				20.4471
	Sig.		.292	.244	1.000	1.000
Duncan[a]	Pseudomonas aeruginosa	255	1.8118			
	Enterococcus faecalis	255	3.7647			
	Shigella dysenteriae	255		7.8588		
	Salmonella typhimurium	255		8.6824		
	Escherichia coli	255		9.8941		
	Yersinia enterocolitica	255			15.9529	
	Staphylococcus aureus	255				20.4471
	Sig.		.027	.028	1.000	1.000

São apresentadas as médias dos grupos em subconjuntos homogéneos a. Utiliza a média harmónica Dimensão da amostra = 255 000.

4.2.4. Ensaio MBC

Quadro 4-12: Resultados do CBM - Extractos de plantas com casca

	S	Y	E-Coli	S.T	Sh	En	P
Total extract	≤1.16	≤1.16	≤1.8	≤1.8	≤1.8	≤1.2	-
Brewed	≤1.8	≤1.8	≤1.2	-	≤1.2	-	-
Ethanol	≤1.8	≤1.2	=1	=1	=1	-	-
Methanol	≤1.8	≤1.16	-	-	-	-	-
Aqueous	≤1.4	≤1.4	≤1.2	=1	=1	-	-
Hexane	-	-	-	-	-	-	-
Chloroform	=1	-	-	-	-	-	-
Boiled	-	-	-	-	-	-	-
Garlet	=1	=1	-	-	-	-	-

S: S. aureus - **Y**: Y. Enterocolitica - **S.T**: S. typhimurium - **Sh**. S. Dysentery - **En**: E. faecalis - **P**: P. aeroginosa

Quadro 4-13: Resultados MBC - Extractos de alho descascado

	S	Y	E-Coli	S.T	Sh	En	P
Total extract	≤1.16	≤1.16	≤1.4	≤1.4	≤1.8	≤1.2	-
Brewed	≤1.8	≤1.8	≤1.2	-	=1	-	-
Ethanol	≤1.8	≤1.2	-	-	-	-	-
Methanol	≤1.8	≤1.16	-	-	-	-	-
Aqueous	≤1.4	≤1.4	=1	=1	=1	-	-
Hexane	-	-	-	-	-	-	-
Chloroform	=1	-	-	-	-	-	-
Boiled	-	-	-	-	-	-	-
Garlet	=1	=1	-	-	-	-	-

S: S. aureus - **Y**: Y. Enterocolitica - **S.T**: S. typhimurium - **Sh**. S. Dysentery - **En**: E. faecalis - **P**: P. aeroginosa

O diâmetro da zona de inibição de cada amostra foi medido após 24h de incubação a 37° C. Cada teste foi repetido 3 vezes e os valores médios foram apresentados em mm para cada extrato contra cada bactéria (Quadro 4-1); neste quadro, da esquerda para a direita, as bactérias são menos sensíveis ao extrato de alho e, de cima para baixo do quadro, o efeito antibacteriano dos extractos diminui.

O Garlet (comprimido de alho) da "Amin pharmaceutical company" contendo 1200 microgramas de alicina, equivalente a 2000 mg de alho fresco, foi utilizado como controlo.

Várias investigações indicaram que os extractos etanólico e aquoso de alho têm a maior atividade antibacteriana depois do sumo de alho (extrato total) (Sadeghian & Ghazvini, 2002; Gull, et al, 2012; Adetunde, Sackey, Kombat, & Issah, 2014), enquanto nesta investigação o extrato fermentado de alho parece ter uma atividade antibacteriana mais elevada do que o extrato aquoso e etanólico; no entanto, não teve qualquer efeito antibacteriano contra a *P. aeroginosa*, enquanto o extrato etanólico podia inibir o seu crescimento em algumas concentrações, mas a média da zona de inibição do extrato fermentado é maior do que a do extrato etanólico.

4.2.5. Contra *L. monocytogenes*

Nenhuma concentração de nenhum dos extractos mostrou qualquer inibição ou atividade antibacteriana contra *L. monocytogenes*. Assim, todos os valores para esta bactéria obtiveram zero.

4.2.6. Efeito antibacteriano dos extractos de casca de alho

Os extractos de casca de alho não mostraram qualquer atividade antibacteriana contra nenhuma das bactérias testadas. Mas os extractos de alho não descascado parecem ser 5,38 % (incluindo o valor zero) ou 3,93 % (excluindo o valor zero) mais antibacterianos do que os extractos de alho descascado. (Quadros 4-4 e 4-7)

4.3. Antioxidante

4.3.1. Teor fenólico total

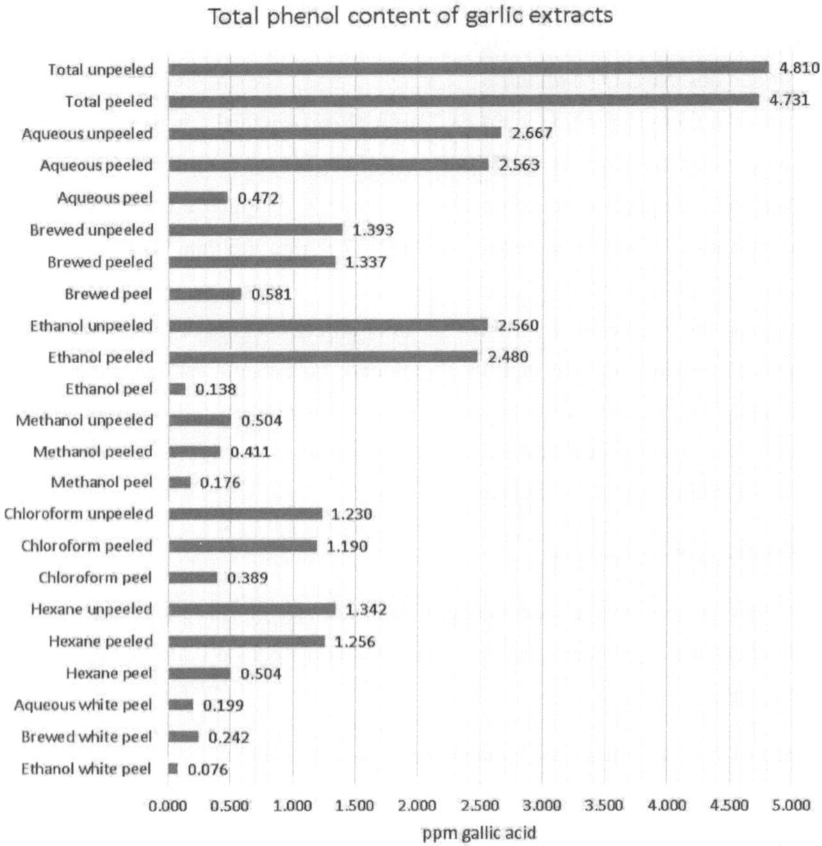

Figura 4-3: Conteúdo fenólico total dos extractos de alho.

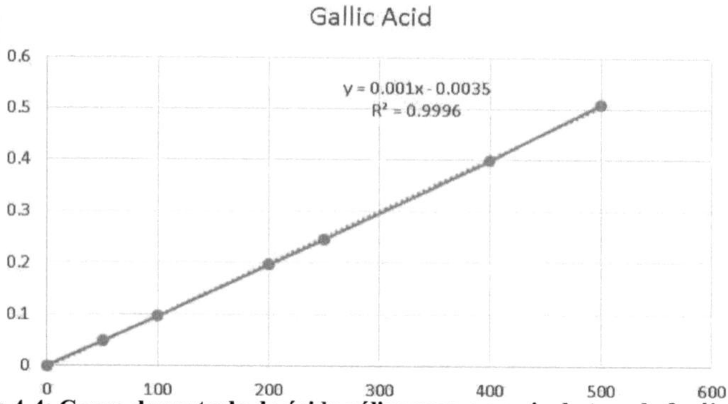

Figura 4-4: Curva de controlo do ácido gálico para o ensaio do teor de fenóis totais.

O teor fenólico total dos extractos de alho (Figura 4-3) foi determinado como equivalente de ácido gálico utilizando a equação linear da curva padrão (Figura 4-4):

$$y = 0,001x - 0,0035$$

Como o ensaio de Folin-Ciocalteu não é seletivo para os compostos fenólicos, este método mede todos os tipos de compostos fenólicos disponíveis no extrato.

De acordo com os resultados obtidos (Figura 4-3), o extrato total de alho contém a maior quantidade de compostos fenólicos, seguido dos extractos de água, etanol, hexano e clorofórmio, respetivamente.

Ao preparar a casca roxa, extraiu-se dela a maior quantidade de fenólicos. Os extractos de hexano, aquoso e clorofórmio da casca roxa continham, respetivamente, os fenólicos mais elevados.

Parece que a casca do alho roxo contém aproximadamente 2,2 a 2,4 vezes mais compostos fenólicos do que a casca do alho branco, enquanto os bolbos não apresentam diferenças significativas neste aspeto.

4.3.2. Ensaio DPPH

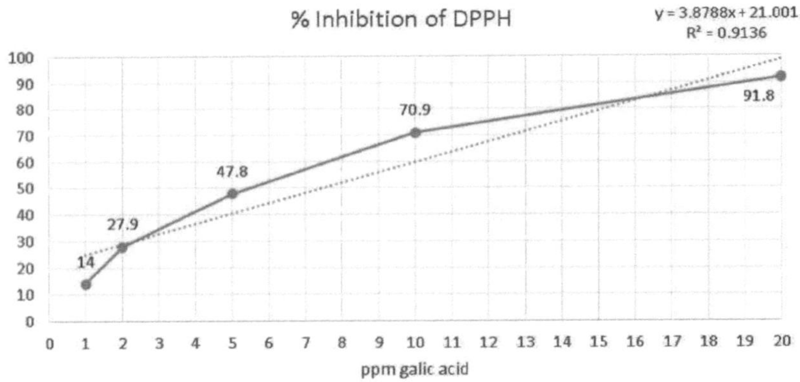

Figura 4-5: % de inibição do DPPH pelo ácido gálico

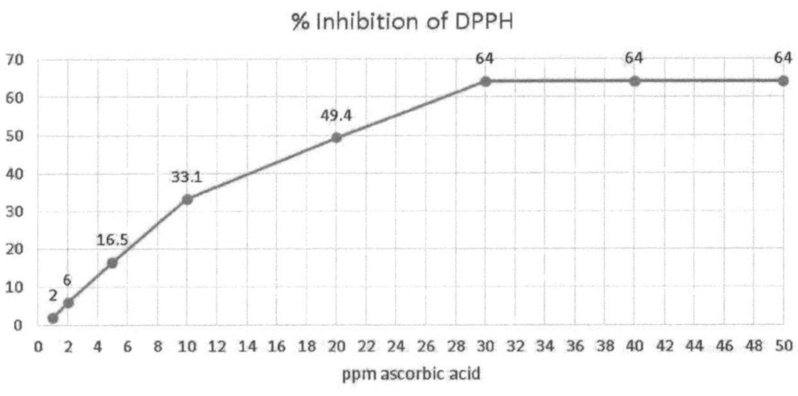

Figura 4-6: % de inibição do DPPH pelo ácido ascórbico

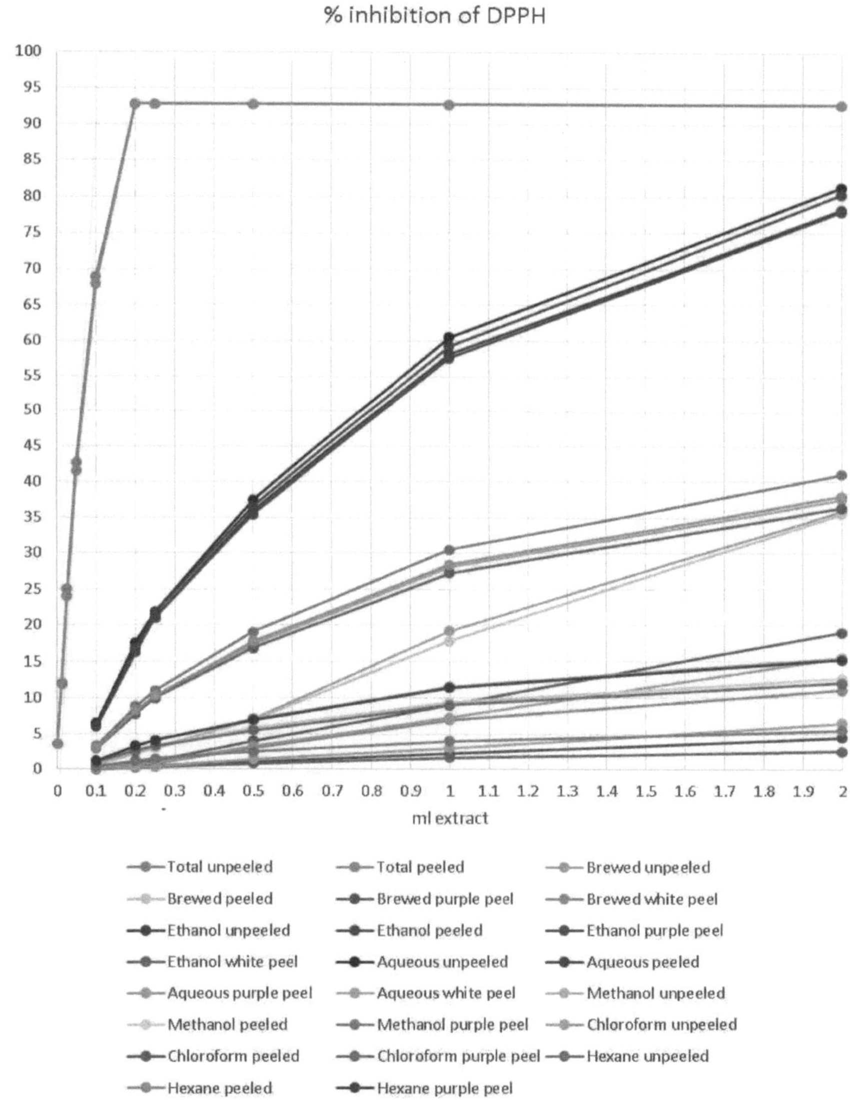

Figura 4-7: % de inibição do DPPH por diferentes extractos de alho

Quadro 4-14: % de inibição do DPPH por diferentes concentrações de extractos de alho

Extract/ml	0.001	0.0125	0.025	0.05	0.1	0.2	0.25	0.5	1	2
Total unpeeled	3.6	12.1	25	42.7	69	92.8	92.8	92.8	92.8	92.8
Total peeled	3.6	12	24	41.5	68	92.8	92.8	92.8	92.8	92.8
Brewed unpeeled					0.6	2.3	3	7.1	19.2	36
Brewed peeled					0.5	2.3	3	6.9	17.8	35.6
Brewed purple peel					0.4	0.8	1.1	4	9	19
Brewed white peel					0.2	0.5	0.8	3	7	11
Ethanol unpeeled					6.25	16.8	21	36	58.2	78.2
Ethanol peeled					6	16.2	21	35.4	57.6	78
Ethanol purple peel					0.2	0.5	0.5	1	2.2	4.5
Ethanol white peel					0	0.2	0.3	0.8	1.7	2.6
Aqueous unpeeled					6.5	17.5	21.8	37.45	60.5	81.3
Aqueous peeled					6.2	16.7	21.6	36.5	59.3	80.3
Aqueous purple peel					0.32	0.65	0.9	3.3	7.3	15.4
Aqueous white peel					0.14	0.3	0.4	1.4	3	6.5
Methanol unpeeled					1.2	3.3	4.1	7.1	11.5	15.5
Methanol peeled					1	2.7	3.3	5.8	9.4	12.6
Methanol purple peel					0.4	1.2	1.5	2.5	4	5.5
Chloroform unpeeled					3	8.1	10.1	17.3	28	37.5
Chloroform peeled					2.9	7.8	10	16.8	27.2	36.4
Chloroform purple peel					1	2.6	3.3	5.5	9	12
Hexane unpeeled					3.3	8.8	11	19	30.5	41
Hexane peeled					3	8.2	10.3	17.7	28.4	38
Hexane purple peel					1.2	3.3	4.1	7	11.4	15.2

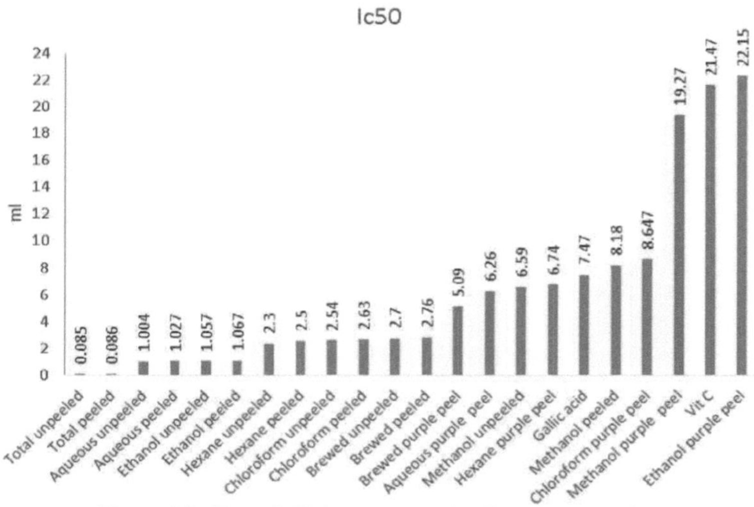

Figura 4-8 : Fator Ic50 dos extractos de alho e dos controlos.

Tabela 4-15 : Equação de inibição DPPH e Ic50 dos extractos

extract	R^2	Equation	Ic^{50}
Gallic acid	$R^2 = 0.9136$	I = 3.8788C + 21.001	7.47
Vit C	$R^2 = 0.9646$	I = 2.1196C + 4.4783 (up to 30 ppm)	21.47
Total unpeeled	$R^2 = 0.9318$	I = 444.35C + 12.095 (up to 0.2 ml)	0.085
Total peeled	$R^2 = 0.9393$	I = 445.32C + 11.482 (up to 0.2 ml)	0.086
Aqueous unpeeled	$R^2 = 0.9291$	I = 37.857C + 11.955	1.004
Aqueous peeled	$R^2 = 0.9317$	I = 37.51C + 11.447	1.027
Aqueous purple peel	$R^2 = 0.9987$	I = 8.1121C - 0.8307	6.26
Brewed unpeeled	$R^2 = 0.9958$	I = 19.015C - 1.4683	2.70
Brewed peeled	$R^2 = 0.9985$	I = 18.675C - 1.5891	2.76
Brewed purple peel	$R^2 = 0.9987$	I = 10.013C - 1.0423	5.09
Ethanol unpeeled	$R^2 = 0.9291$	I = 36.417C + 11.494	1.057
Ethanol peeled	$R^2 = 0.9317$	I = 36.445C + 11.1	1.067
Ethanol purple peel	$R^2 = 0.9987$	I = 2.2587C - 0.0413	22.15
Methanol unpeeled	$R^2 = 0.93$	I = 7.2401C + 2.2296	6.59
Methanol peeled	$R^2 = 0.9286$	I = 5.8868C + 1.8264	8.18
Methanol purple peel	$R^2 = 0.9342$	I = 2.5535C + 0.7931	19.27
Chloroform unpeeled	$R^2 = 0.9279$	I = 17.459C + 5.5486	2.54
Chloroform peeled	$R^2 = 0.9272$	I = 16.931C + 5.4215	2.63
Chloroform purple peel	$R^2 = 0.9281$	I = 5.573C + 1.8049	8.647
Hexane unpeeled	$R^2 = 0.9286$	I = 19.081C + 6.0534	2.30
Hexane peeled	$R^2 = 0.9261$	I = 17.683C + 5.6638	2.50
Hexane purple peel	$R^2 = 0.9266$	I = 7.0832C + 2.2522	6.74
Aqueous white peel	$R^2 = 0.9987$	I = 3.4045C - 0.3414	14.78
Brewed white peel	$R^2 = 0.9729$	I = 5.9467C - 0.2641	8.45
Ethanol white peel	$R^2 = 0.9679$	I = 1.3828C	36.15

O fator Ic^{50} indica a concentração ou quantidade de extrato que pode inibir 50% do agente radicalar livre. A Figura 4-8 compara o potencial Ic^{50} de cada extrato avaliado utilizando as equações de inibição de DPPH dos extractos e dos controlos apresentados na tabela 4-15. Os extractos com menor quantidade necessária para inibir 50% do DPPH têm maior atividade de eliminação de radicais. Apenas o extrato etanólico da casca de alho branco tem uma atividade antioxidante inferior à da Vit-C. Todos os outros tipos de extractos são mais fortes do que a Vit-C.

4.4. Doogh

4.4.1. Caraterísticas químicas

Quadro 4-16: caraterísticas químicas da amostra de Doogh e do controlo

	Doogh sample (0.5%)	Control
pH	3.78	3.78
Acidity	50	45

4.4.2. Avaliação sensorial

Para avaliar as caraterísticas sensoriais, foi pedido a 15 consumidores comuns de Doogh e a 5 pessoas experientes na produção de Doogh que avaliassem e classificassem amostras de Doogh com diferentes concentrações de extrato total de alho (uma vez que este tipo de extrato tem a maior quantidade de fenólicos, o efeito antibacteriano e antioxidante mais forte, um odor forte e uma preparação mais fácil, rápida e barata), cor, odor, sensação na boca e aceitação global.

De acordo com a figura 4-9, a melhor concentração de extrato a adicionar ao Doogh foi de 0,5%.

Como os extractos de hortelã e de menta são habitualmente adicionados aos produtos industriais de Doogh, os consumidores habituaram-se ao seu odor e sabor no Doogh. Depois de determinar o melhor concentrado de extrato de alho (0,5 %) desejável para adicionar ao Doogh de acordo com as análises sensoriais, as amostras de Doogh que continham cada um dos extractos e ambos foram avaliadas por analisadores experientes de Doogh; as amostras que continham ambos os extractos revelaram-se mais desejáveis do que as amostras que continham apenas um dos extractos.

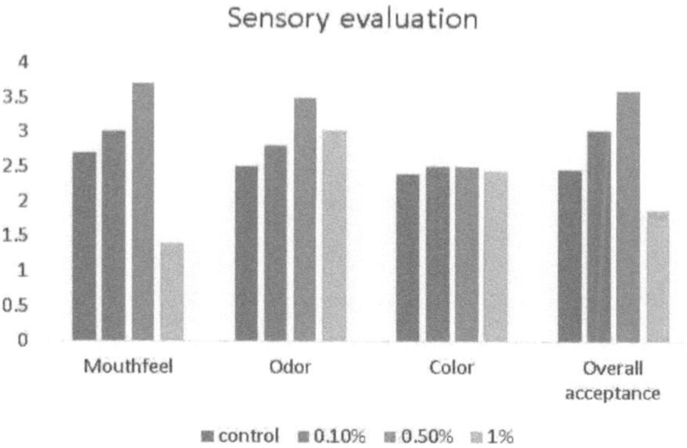

Figura 4-9: avaliação sensorial das amostras de Doogh e do controlo.

1= Indesejável, 2 = Tolerável, 3 = Bom, 4 = Desejável
** Não há diferença significativa entre as cores das amostras; enquanto as amostras têm diferenças significativas noutras caraterísticas.

4.4.3. Estabilidade

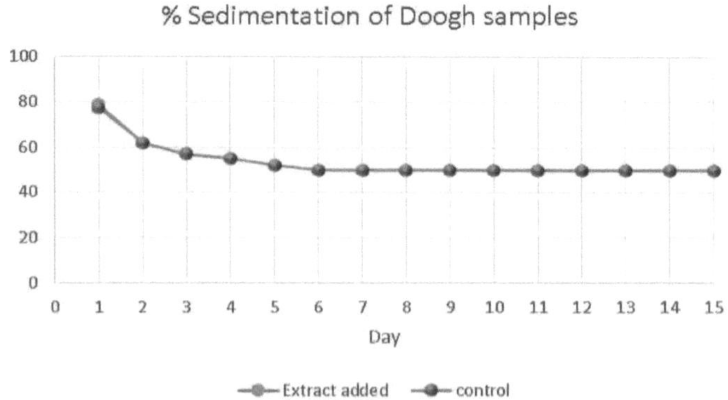

Figura 4-10: % de sedimentação das amostras de Doogh.

4.4.4. Antioxidante

De acordo com a figura 4-9, a melhor concentração de extrato para adicionar ao Doogh foi de 0,5%; assim, a avaliação antioxidante para esta amostra foi monitorizada durante o período de vida útil do Doogh.

A adição de 0,5% de extrato total de alho pode inibir o DPPH em 9,5%; além disso, a passagem do tempo não diminuiu/aumentou esta atividade de eliminação de radicais livres durante o período de conservação do Doogh.

Capítulo Cinco

Conclusão

5.1. Conteúdo antibacteriano, antioxidante e fenólico total:

O objetivo deste projeto foi avaliar o efeito antibacteriano e antioxidante de diferentes extractos do bolbo e da casca do alho roxo de Rasht. Preparar também um produto Doogh funcional adicionando-lhe uma quantidade adequada de extrato de alho. De acordo com os resultados obtidos, todos os tipos de extractos tinham alguma atividade antibacteriana/antioxidante, mas com valores significativamente diferentes. Enquanto o extrato total de alho (sumo de alho) mostrou os efeitos antibacterianos/oxidantes mais potentes e contém a maior quantidade de compostos fenólicos, parece que os solventes altamente polares como a água e o etanol são os solventes mais potentes para extrair fenólicos dos bolbos. Embora o extrato aquoso tenha um teor mais elevado de fenólicos, em ambos os testes antibacterianos/oxidantes, o extrato de etanol dos bolbos foi mais ativo do que o aquoso; embora, no extrato fermentado (em que se utilizou água quente para a extração), tenha sido extraída uma menor quantidade de fenólicos, este tipo de extrato teve a maior atividade antibacteriana depois do sumo de alho (mais do que os extractos de etanol e aquoso). No entanto, o etanol e o extrato aquoso têm uma ligeira atividade *anti-Pseudomonas*, enquanto o extrato fermentado não mostrou qualquer atividade neste termo. Mas no teste antioxidante, o extrato fermentado foi menos ativo do que os extractos de etanol, aquoso, hexano e clorofórmio.

Nenhum dos extractos teve qualquer atividade antibacteriana contra *L. Monocytogenes;* enquanto *o Enterococcus* resistente à vancomicina foi afetado pelo extrato total, pelos extractos de cerveja, de etanol e de metanol.

Os extractos de fermentação, hexano, aquoso, clorofórmio, metanol e etanol da casca de alho roxo contêm a maior quantidade de fenólicos e atividade antioxidante, respetivamente (fermentação mais elevada e etanol mais baixo). Também os extractos da casca de alho branco continham compostos fenólicos e apresentavam uma atividade antioxidante aproximadamente 40% inferior à da casca de alho roxo. Não foi observada qualquer atividade antibacteriana contra qualquer das bactérias testadas a partir dos extractos de casca. Embora não tenha sido observada qualquer diferença significativa entre a atividade antibacteriana e antioxidante dos mesmos extractos do bolbo de alho branco e roxo.

No teste DPPH, apenas o extrato total, o etanol e os extractos aquosos foram capazes de inibir mais de 50% do DPPH na quantidade máxima (2ml) do extrato aplicado (Tabela 4-

14).

5.2. Aplicação de extrato de alho em Doogh:

O Doogh aquecido não carbonatado é o tipo industrial mais comum deste produto lácteo, produzindo uma vasta gama de caraterísticas que diferem em termos de acidez, teor de sal, aromas adicionados e estabilidade.

Embora vários extractos de ervas possam ser utilizados como aromatizantes no Doogh, os de algumas espécies de menta são mais comuns. Penso que isso se deve ao facto de ser bem conhecida entre as pessoas, de estar amplamente disponível, de ser fácil de preparar o extrato e também de o seu forte odor cobrir o cheiro leitoso do Doogh fresco.

Como o extrato total de alho mostrou a mais forte atividade antibacteriana/oxidante, tem um forte odor a alho fresco e também não foi utilizado qualquer solvente no seu procedimento de preparação, foi escolhido como o melhor extrato a ser adicionado às amostras de Doogh.

Por outro lado, há um petisco tradicional, por vezes consumido como refeição ligeira, nas cidades ocidentais do Irão (província de Kermashan / Kermanshah) que contém pequenos pedaços de pão embebidos numa mistura de Doogh, puré de alho, pepino fatiado, passas e algumas ervas (sobretudo hortelã); assim, o Doogh com sabor e odor a alho não é muito estranho para as pessoas dessa zona. Na investigação primária para o seu trabalho, quando alguns curdos dessas cidades foram questionados sobre se gostariam de um produto Doogh com sabor a alho, tiveram uma opinião positiva, enquanto outros não o conseguiram avaliar antes de o provarem ou tiveram sobretudo uma opinião negativa devido à má reputação do forte odor do alho.

Assim, o primeiro passo foi avaliar a percentagem mais adequada e apropriada de extrato de alho adicionado ao Doogh. De acordo com os dados da análise sensorial (figura 4-9), a concentração de 0,5% revelou-se muito adequada. Não é muito quente, tem um ligeiro odor a alho, não altera a cor nem dá uma sensação desagradável na boca e cobre o cheiro a leite do Doogh. A adição de 0,5% de extrato de alho não afecta a sedimentação no Doogh. Embora afecte ligeiramente a acidez e a aumente (quadro 4-16), o pH não se altera em comparação com os controlos.

A adição deste extrato contendo fenol às amostras de Doogh pode inibir o DPPH em 9,5% de forma estável durante o período de conservação.

Afinal, o alho, como ingrediente alimentar amplamente conhecido, é potencialmente um forte agente antibacteriano e antioxidante que pode ser amplamente utilizado em alimentos industriais com uma atitude natural ou tradicional; assim, de acordo com os conceitos comuns de alimentos funcionais, a adição de extrato de alho ao Doogh pode potencialmente aumentar as propriedades benéficas do produto, aumentar a ingestão total de alho e, consequentemente, os compostos fenólicos. Além disso, embora os bolbos de alho branco e roxo não apresentem diferenças significativas na atividade antibacteriana/oxidante, as cascas roxas parecem ser uma melhor fonte de antioxidantes do que as cascas de alho branco.

5.3. Sugestões para trabalhos futuros

- No final das experiências do presente trabalho, cresceram alguns bolores na superfície das amostras de Doogh de controlo, enquanto o alho-Doogh estava limpo. São necessários mais trabalhos para avaliar a atividade antifúngica do alho roxo Rasht.
- A aflatoxina é uma preocupação nos produtos Doogh; são necessárias investigações para demonstrar se o alho tem algum efeito no nível de aflatoxina.
- Todas as experiências neste trabalho foram in vitro, sugere-se a avaliação do potencial antioxidante in vivo do alho-Doogh.

Referências

1. Adetunde, L. A., Sackey, I., Kombat, E. O. & Issah, N., 2014. ***Actividades antimicrobianas de extractos aquecidos de alho (Allium sativum) e gengibre (Zingiber officinale) em alguns agentes patogénicos selecionados.*** Natureza e Ciência, pp. 12(3) , 121-126.

2. Amiri, S. & Aelami, M., 2011. ***Efftec of Basil seed gum on rheological and stability of Doogh (Efeito da goma de sementes de manjericão na reologia e estabilidade do Doogh).*** Journal of Innovation in Food Science and Technology, pp. issue 3, 17-24.

3. Anan, 1998b. ***21 USC201 (g),*** EUA: s.n.

4. Anon., ***Enterococcus faecalis,*** Disponível em: http://www.biology-online.org/dictionary/Enterococcus_faecalis , Acedido em 3, 24, 2015.

5. Anon., ***Escherichia coli,*** Disponível em: https://microbewiki.kenyon.edu/index.php/Escherichia_coli , Acedido em 3, 24, 2015.

6. Anónimo, ***GeoNames.*** Disponível em: http://geonames.nga.mil/namesgaz/, Acedido em 3, 24, 2015.

7. Anónimo, ***Gourmet Garlic Gardens,*** Disponível em: http://www.gourmetgarlicgardens.com/purplestripes.htm#anchorpersianstar Acesso em 3, 24, 2015.

8. Anon., ***Listeria,*** Disponível em: http://www.encyclopedia.com/topic/Listeria.aspx Acedido em 3, 24, 2015.

9. Anon., ***Pseudomonas aeruginosa,*** Disponível em: https://microbewiki.kenyon.edu/index.php/Pseudomonas_aeruginosa, Acedido em 3, 24, 2015.

10. Anon.,***Purple Stripe Garlics,*** Disponível em: http://www.gourmetgarlicgardens.com/purplestripes.htm#anchorstandard Acessado em 3, 24, 2015.

11. Anon., ***Salmonella typhimurium,*** Disponível em: https://microbewiki.kenyon.edu/index.php/Salmonella_typhimurium, Acedido em 3, 24, 2015.

12. Anon., ***Shigella dysenteriae,*** Disponível em: https://microbewiki.kenyon.edu/index.php/Shigella_dysenteriae, Acedido em 3, 24, 2015.

13. Anon., ***Staphylococcus aureus,*** Disponível em: https://microbewiki.kenyon.edu/index.php/Staphylococcus_aureus, Acedido em 3, 24, 2015.

14. Anon., ***Yersinia enterocolitica,*** Disponível em: https://microbewiki.kenyon.edu/index.php/Yersinia_enterocolitica , Acedido em 3, 26, 2015.

15. Anon, 1991a. ***Relativo à alteração da portaria ministerial sobre a lei de melhoria da nutrição,*** s.l.: Japão: Ministério da Saúde e do Bem-Estar.

16. Anon, 1991b. ***Relativo à gestão da permissão de rotulagem de alimentos para uso específico na saúde,*** Japão: Ministério da Saúde e do Bem-Estar.

17. Anon, 1994a. ***Alimentos para uso sanitário específico. In: Manual de alimentos japoneses***

recentemente desenvolvidos. Seul: Associação da Indústria Alimentar da Coreia, pp. 165-210.

18. Anon, 1994b. ***Oportunidades no domínio das ciências da nutrição e da alimentação***. In: Washington, DC: National Academic Press, pp. 18-142.

19. Anon, 1996. ***Resumo do painel de discussão***. Nutrition Reviews 54 (11), p. 202.

20. Anon, 1997a. ***21 CFR 101***, .701101.81, EUA: s.n.

21. Apitz-Castro, R. et al., 1983. ***Effects of garlic extract and of three pure components isolated from it on human platelet aggregation, arachidonate metabolism, release reaction and platelet ultrastructure***. Thrombosis Research 32, pp. 155-169.

22. Apitz-Castro, R. & Jain, M. K., 1987. ***Garlic: molecular basis of the putative 'vampire repellent' action and other matters related to heart and blood***. Trends in Biochemical Sciences 12, pp. 252-254.

23. Arai, S., 1996. ***Estudos sobre alimentos funcionais no Japão: estado da arte***. Biosci. Biotech. Biochem, 60 (1), pp. 9-15.

24. Azad Chowdhury, A. K., Ashan, A., Islam, N. S. & Ahmed, Z. U., 1991. ***Eficácia do extrato aquoso de alho e alicina na shigelose experimental em coelhos.*** Indian Journal of Medical Research 93, pp. 33-36.

25. Azarikia, F. & Abbasi, S., 2010. ***Sobre o mecanismo de estabilização de Doogh (bebida de iogurte iraniana) por goma tragacanto.*** Food Hydrocolloids, p. 358-363.

26. Baghalian, K. et al., 2005. ***Avaliação do teor de alicina e das caraterísticas botânicas em ecótipos de alho iraniano (Allium sativum L.).*** Scientia Horticulturae , p. 155-166.

27. Block, E., 1985. ***A química do alho e da cebola***. Scientific American 252, (3), pp. 94-99.

28. Block, E. et al., 1986. ***Compostos organosulfurados antitrombóticos do alho: estudos estruturais, mecanísticos e sintéticos.*** Journal of the American Chemical Society 108, pp. 70457055.

29. Block, E. et al., 1988. ***Inibidores da oxigenase lipídica do óleo essencial de alho. Adição de Markovnikov do radical alil dithio a olefinas***. Journal of the American Chemical Society 110, pp. 7813-7827.

30. Bolton, S., Null, G. & Troetel, W. M., 1982. ***Os usos médicos do alho - facto e ficção.*** American Pharmacy 22, (8) , pp. 40-43.

31. Brodnitz, M. H., Pascale, J. V. & Van DerSlice, L., 1971. ***Componentes aromáticos do extrato de alho.*** Journal of Agricultural Food Chemistry 19, (2), pp. 273-275.

32. Cavallito, C. J. & Bailey, J. H., 1944. ***Allicin, o princípio antibacteriano de Allium sativum. I. Isolamento, propriedades físicas e ação antibacteriana.*** Journal of the American Chemical Society
66, pp. 1950-1951.

33. Cavallito, C. J., Bailey, J. H. & Buck, J. S., 1945. ***Allicin, o princípio antibacteriano do Allium sativum. III. O seu precursor e o "óleo essencial" de alho.*** Jornal da Sociedade Americana de Química

67, pp. 1032-1033.

34. Cavallito, C. J., Buck, J. S. & Suter, C. M., 1944. ***Allicin, o princípio antibacteriano de Allium sativum. H. Determinação da estrutura química.*** Journal of the American Chemical Society 66, pp. 1952-1954.

35. De Wit, J. C., Notermans, S. H. W. & Gorin, N., 1979. ***O efeito antimicrobiano dos extractos de cebola e alho.*** Antonie Van Leeuwenhoek 45, pp. 156-158.

36. De Wit, J. C., Notermans, S. H. W., Gorin, N. & Kampelmacher, E. H., 1979. ***Effect of garlic oil or onion oil on toxin production by Clostridium botulinuni in meat slurry***. Journal of Food Protection 42, (3), pp. 222-224.

37. Delaha, E. C. & Garagusi, V. F., 1985. ***Inibição de micobactérias pelo extrato de alho (Allium sativum)***. Antimicrobial Agents and Chemotherapy 27, (4), pp. 485-486.

38. Diplock, A. T. et al., 1999. ***Conceitos científicos de alimentos funcionais na Europa: documento de consenso.*** British Journal of Nutrition 81, pp. 1 - 27.

39. Elnima, E. I., Ahmed, S. A., Mekkawi, A. G. & Mossa, J. S., 1983. ***A atividade antimicrobiana do alho e da cebola***. Pharmazie 38, (11), pp. 747-748.

40. Finegold, S. M., Baron, E. J. & Bailey, W. R., 1990. ***In: Diagnostic Microbiology***, 8th edition, part two, chapter 13 ,No.171.

41. Foroughinia, S., Abbasi, S. & Hamidi, Z., 2007. ***Efeito da adição individual e combinada de gomas de salep, tragacanto e guar na estabilização do Doogh iraniano***. Iranian Journal of Nutrition Science and Food Technology, Número 2, pp. 15-25.

42. Freeman, F. & Kodera, Y., 1995. ***Garlic chemistry: stability of S-(2-propenyl) 2- propene-1-sulphinothioate (allicin) in blood, solvents and simulated physiological fluids***. Journal of Agricultural and Food Chemistry 43, (9), pp. 2332-2338.

43. Goldberg, I., 1994. ***Funcionalidade dos componentes alimentares para a saúde. In: Functional foods: designer foods, pharmafoods, nutraceuticals***. New York: Chapman & Hall, pp. 183-449.

44. Gull, I. et al., 2012. ***Efeito inibitório dos extractos de Allium sativum e Zingiber officinale em bactérias patogénicas resistentes a medicamentos clinicamente importantes***. Ann Clin Microbiol Antimicrob.

45. Heu, S. H. & Kim, M. H., 1997. ***A saúde dos modernos e os suplementos alimentares para a saúde***. Seul: Hongikjae.

46. Horie, T., Awazu, S., Itakura, Y. & Fuwa, T., 1992. ***Polissulfuretos dialílicos identificados de um extrato de alho envelhecido que protege as membranas da peroxidação lipídica***. Planta Medica 58, pp. 468-469.

47. Huddleson, I. F., DuFrain, J., Barrons, K. C. & Giefel, M., 1994. ***Substâncias antibacterianas em plantas***. Journal of the American Veterinary Medical Association 105, pp. 394-397.

48. Hughes, B. & Lawson, L. D., 1991. ***Antimicrobial effects ofAllium sativum L. (garlic), Allium ampeloprasum L. (elephant garlic), and Allium cepa L. (onion), garlic compounds and commercial garlic supplement products***. Phytotherapy Research 5, pp. 154-158.

49. Iberl, B., Winkler, G. & Knobloch, K., 1990a. ***Produtos de transformação de alicina ajoenos e ditiinas, caraterização e sua determinação por HPLC***. Planta Medica 56, pp. 202-211.

50. Iberl, B., Winkler, G., Muller, B. & Knobloch, K., 1990b. ***Determinação quantitativa de alicina e alliin do alho por HPLC.*** Planta Medica 56, pp. 320-326.

51. Imai, J. et al., 1994. ***Efeitos antioxidantes e de eliminação de radicais do extrato de alho envelhecido e dos seus constituintes.*** Planta Medica 60, pp. 417-420.

52. Indu, M., Hatha, A., Abirosh, C. & Harsha, U., 2006. ***Atividade antimicrobiana de algumas especiarias do sul da Índia contra sorotipos de Escherichia coli, Salmonella, Listeria Monocytogenes e Aeromonas Hydrophila***. Revista Brasileira de Microbiologia, pp. 37:153-158.

53. Jain, R. C., 1993. ***Atividade anti-tuberculosa do óleo de alho***. Indian Drugs 30 (2), pp. 73-75.

54. Jain, R. C., 1994. ***Efeito do óleo de alho no crescimento de Mycobacteriun: tuberculosis pelo método de cultura de microlâmina modificado***. Indian Drugs 31 (10), pp. 500-502.

55. Jezowa, L., Rafinski, T. & Wrocinski, T., 1966. ***Investigações sobre a atividade antibiótica de Allium sativum L..*** Herba Polonica 12, pp. 12-13.

56. Johnson, M. G. & Vaughn, R. H., 1969. ***Morte de Salmonella typhiniuriuni e Escherichia coli na presença de alho e cebola desidratados recentemente reconstituídos***. Applied Microbiology 17, (6) , pp. 903-905.

57. Karaioannoglou, P. G., 1977. ***Efeito do extrato de alho no crescimento de células vegetativas e no crescimento de esporos de Bacillus cereus***. Hellenic Veterinary Medicine 22, pp. 119-128.

58. Kiani, H., Mousavi, S. & Emam-Djomeh, Z., 2008. ***Rheological properties of Iranian yoghurt drink, doogh***. International JournalofDairyScience,3, pp. 71-78.

59. Klein, J. O., Barnet, E. D., Bolduc, G. R. & Farburan, K. S., 1993. ***Atividade antibacteriana do alho e da cebola: uma perspetiva histórica***. The Pediatric Infectious Disease Journal 12, (7), pp. 613614.

60. Kojima, K., 1996. ***O ponto de vista do consumidor oriental: a experiência no Japão***. Nutrition Review, 54(11), pp. 186-188.

61. Koksoy, A. & Kilig, M., 2003. ***Efeitos do nível de água e sal nas propriedades reológicas do ayran, uma bebida de iogurte turca***. International Dairy Journal, 13, pp. 835-839.

62. Koksoy, A. & Kilic, M., 2004. ***Utilização de hidrocolóides na estabilização textural de uma bebida de iogurte, ayran***. FoodHydrocolloids,18, pp. 593-600.

63. Kourounakis, P. N. & Rekka, E. A., 1991. ***Anti-oxidant and free radical scavenging activity of garlic powder and allfln***. Freie Universital Berlin, s.n.

64. Kwak, N.-S. & Jukes, D. J., 2001. ***Alimentos funcionais. Parte 1: o desenvolvimento de um conceito regulamentar***. Food Control (12), pp. 99-107.

65. lawrence, R. & lawrence, K., 2011. ***Atividade antioxidante do óleo essencial de alho (Allium Sativum) cultivado nas planícies do norte da Índia***. Asian Pacific Journal of Tropical Biomedicine, pp. 1-3.

66. Lawson, L. D. & Hughes, B. G., 1992. ***Caracterização da formação de alicina e outros***

***tiossulfinatos a partir do alho*.** Planta Medica 58, pp. 345-350.

67. Lawson, L. D., Wang, Z.-Y. & Hughes, B. G., 1991. ***y-Glutamyl-S-alkylcysteines in garlic and otherAlliums pp.: precursors of age-dependanttr ans-1-propenyl thiosulphinates*.** Journal of Natural Products 54, pp. 436-444.

68. Mantis, A. J., Karaioannoglou, P. G., Spanos, G. P. & Panetsos, A. G., 1978. ***The effect of garlic extract on food poisoning bacteria in culture media I. Staphylococcus aureus*.** Lebensmitten Wissenschaft U Technologie 11, pp. 26-28.

69. Mantis, A. J., Koidis, P. A., Karaioannoglou, P. G. & Panetsos, A. G., 1979. ***Efeito do extrato de alho em bactérias de intoxicação alimentar*.** Lebensmittel Wissenschaft Technologie 12, pp. 330-332.

70. Meilgaard, M., Civille, G. V. & Carr, B. T., 1999. ***Técnicas de avaliação sensorial*.** Florida: CRC Press.

71. Minney, S., 1990. Alho ***- o auxiliar esquecido da medicina moderna*,** s.l.: BioMed Newsletter 1,(7).

72. Nakamura, A., Yoshida, R., Maedab, H. & Corrediga, M., 2006. ***O comportamento estabilizador do polissacarídeo solúvel de soja e da pectina em bebidas lácteas acidificadas*.** International Dairyjournal, Issue 16, pp. 361-369.

73. Nilsson, L. E., Lyckand, S. & Tamime, A. Y., 2006. ***Produção de produtos para consumo. In: Fermented milks*.** s.l.:UK: Blackwell Science Ltd.

74. Potter, D., 1996. ***Desenvolvimento bem sucedido de negócios em alimentos funcionais: as principais questões comerciais. In: Functional food, nutraceutical or pharmaceutical*** . Londres: IBC, pp. 1-14.

75. Preston, C. & Lawrence, M., 1996. ***Aspectos regulamentares e legais dos alimentos funcionais: A perspetiva australiana*.** Nutrition Reviews 54(11), pp. 156-161.

76. Rao, R. R., Rao, S. S., Natarajan, S. & Venkatarman, P. R., 1946. ***Inibição de Mycobacterium tuberculosis por extrato de alho*.** Nature 157, p. 441.

77. Rekka, E. A. & Kourounakis, P. N., 1994. ***Investigação do mecanismo molecular da atividade antioxidante de alguns ingredientes de Allium sativum*.** Pharmazie 49, (7), pp. 539-540.

78. Richardson, D. P., 1996. ***Alimentos funcionais - tons de cinzento: An industry perspective*.** Nutrition Reviews, 54(11), pp. 174-185.

79. Roberfroid, M. B., 1997. ***O conceito europeu de alimento funcional*.** s.l., s.n., pp. 161-170.

80. Rode, H., De Wet, P. M. & Cywes, S., 1989. ***O efeito antimicrobiano do Allium sativum L. (alho)*.** South African Journal of Science 85, pp. 462-464.

81. Roser, D., 1990. ***Garlic For Health*.** Cambridge, Reino Unido: Garlic Research Bureau, Martin Books.

82. Sadeghian, A. & Ghazvini, K., 2002. ***Atividade antimicrobiana do extrato de alho contra Shigella*.** IJMS, pp. Vol 27, No. 3, 142-144.

83. Saleem, Z. M. & Al-Delaimey, 1982**. *Uma nota de investigação: inibição de Bacillus cereus***

por extractos de alho. Jornal de Proteção Alimentar 45, (11), pp. 1007-1009.

84. Sato, A., Terao, M. & Ishibashi, M., 1993. ***Efeitos antibacterianos do extrato de alho sobre Vibrio parahaemolyticus na carne de peixe.*** Journal of the Food Hygenic Society of Japan 34, (1), pp. 63-67.

85. Schmidt, D. B., Morrow, M. M. & White, C., 1998. ***Communicating the bene®ts of functional foods: Insights from consumer and health professional focus groups.*** Chemitech, 27(12), pp. 1016.

86. Shahidi, F. & Naczk, M., 2006. ***Phenolics in Food and Nutraceuticals.*** s.l.:Taylor & Francis.

87. Sharma, S. & Jain, N., 2011. ***Textbook Of Professional Pharmacy.*** s.l.:Vallabh Publications / Prakashan.

88. Sharma, V. D., Sethi, M. S., Kumar, A. & Rarotra , J. R., 1977. ***Propriedade antibacteriana de Allium sativum Linn.: estudos in vivo e in vitro.*** Jornal Indiano de Biologia Experimental 15, pp. 466468.

89. Small, L. A., Bailey, J. H. & Cavallito, C. J., 1947. ***Alkyl thiosulphinates.*** Journal of the American Chemical Society 69, pp. 1710-1713.

90. Spray, W., 1978. ***A importância de tomar alho,*** s.l.: Nursing Times 74,295.

91. Srivastava, K. C., Perera, A. D. & Saridakis, H. O., 1982. ***Efeitos bacteriostáticos da seiva de alho em bactérias patogénicas Gram negativas - um estudo in vitro.*** Lebensmittel Wissenschaft Technologie 15, pp. 74-76.

92. Stoll, A. & Seebeck, E., 1947. ***Alliin, a substância-mãe pura do óleo de alho.*** Experimentia 3, pp. 114-115.

93. Stoll, A. & Seebeck, E., 1951. ***Investigações químicas sobre a aiiin, o princípio específico do alho.*** Advanced Enzymology,11, pp. 377-400.

94. Subrahmanyan, V., Krishnamurthy, K., Sreenivasamurthy, V. & Swaminathan, M., 1957. ***Efeito do alho na microflora intestinal de ratos.*** Jornal de Investigação Científica e Industrial 16c, (9), pp. 173-174.

95. Uchida, Y., Takahashi, T. & Sato, N., 1975. ***As caraterísticas da atividade antibacteriana do alho.*** Jornal Japonês de Antibióticos. 28, pp. 638-642.

96. Virtanen, A. I., 1965. ***Estudos sobre compostos orgânicos de enxofre e outras substâncias lábeis em plantas.*** Phytochemistry 4, pp. 207-228.

97. Volak, J. & Stodola, J., 2007. ***plantes medicinales.*** Teerão: Publicação Ghoghnus.

98. Xing, M. et al., 1982. ***Alho e cancro gástrico - o efeito do alho sobre o nitrito e o nitrato no suco gástrico.*** Ata Nutrimentia Sinica 4, pp. 53-58.

99. Yu, T. H. & Wu, C. H., 1989. ***Estabilidade da alicina no sumo de alho.*** Journal of Food Science 54, (4), pp. 977-981.

100. Yu, T. H., Wu, C. H. & Ho, C. T., 1993. ***Volatile compounds of deep-oil fried, microwave-heated, and oven-baked garlic slices.*** Journal of Agricultural and Food Chemistry 41, (5), pp. 800-805.

MIX
Papier aus verantwortungsvollen Quellen
Paper from responsible sources
FSC® C105338

Printed by Books on Demand GmbH, Norderstedt / Germany